물 - 기적의 물질

— 물과 지구 온난화에 대한 150가지 상식 —

물 - 기적의 물질

― 물과 지구 온난화에 대한 150가지 상식 ―

찍은 날 : 2009년 6월 20일
펴낸 날 : 2009년 6월 25일

지은이 : 윤　실
펴낸이 : 손영일

펴낸 곳 : 전파과학사

출판등록 : 1956. 7. 23 (제10-89호)
주소 : 120-824 서울 서대문구 연희2동 92-18
전화 : 02-333-8855 / 333-8877
팩스 : 02-333-8092
홈페이지 : www.s-wave.co.kr
전자우편 : chonpa2@hanmail.net
ISBN : 978-89-7044-269-3 03400

물 - 기적의 물질

─ 물과 지구 온난화에 대한 150가지 상식 ─

이학박사 윤 실 지음

전파과학사

서문 :
인류의 미래는 물이 지배한다

우리는 '치산치수'(治山治水)를 매우 중요한 일로 생각해왔다. 산과 물을 잘 다스려야 한다는 이 말은 미래에도 변함이 없다. 물을 '생명수'라고 하는 이유는, 생명체는 물에서 탄생했고 물을 떠나서 살 수 없기 때문이다. 지구 탄생 초기에 생겨난 물은 그 이후 끊임없이 순환하면서 정화되고 새롭게 분포되어 왔다. 21세기에 들어와 물 사용량이 급증하자, 전 지구적으로 물이 부족해졌고, 그나마 물은 오염까지 심각하다.

인류의 삶은 홍수, 한발, 해일, 폭풍우, 호우, 강줄기의 변화, 지하수면의 상승이나 하강, 강한 조류(潮流)와 해류, 파도 등과 같은 물의 위협과 괴롭힘에 대항해온 역사라고 말할 수 있을 것이다. 인류는 물을 구할 수 있는 곳에 정착하여, 끊임없는 창의와 연구로 물을 지배하고 정복함으로써 문명을 발전시킬 수 있었다. 이집트인은 해마다 일정한 시기에 넘치는 나일 강의 범람을 대비해 1년이 365일인 달력을 고안했고, 바빌로니아인들은 물의 사용을 규제하는 제도를 만들었으며, 고대 중국인들은 수천 킬로미터에 이르는 운하를 건설했다. 그때의 운하는 2,500여년이 지난 오늘까지도 생명의 수로로 이용되고 있다.

물 없이는 지구상에 어떤 생물도, 대자연의 주인인 인간도 탄생할 수 없었고, 생존해 갈 수도 없다. 우리는 물의 중요성을 알면서도 마치 공기처럼 물에 대해 별다른 관심을 갖지 않고 산다. 물은 언제나 우리 곁에 풍부하게 있기 때문일 것이다. 그러나 산소가 없으면 몇 분을 견디지 못하고 생명을 잃듯이, 수분을 공급받지 않으면 인간은 1주일을 살지 못한다. 인간의 체중은 대부분이 물이다. 혈관 속을 흐르는 혈액이나, 피부에서 증발하여 체온을 식혀주는 땀도 물이고, 눈에 들어간 먼지를 씻어내는 눈물 역시 물이다.

지난 몇 십 년 동안 이산화탄소의 배출량 증가로 온실효과 현상이 일어나 전 인류가 생존의 위기를 맞게 되었다. 지구의 평균 기온이 해마다 상승하는 '지구 온난화 현상'에 의해 빙산과 빙하가 대규모로 녹게 되자, 세계의 해수면은 날로 높아가고 있다. 이미 베니스를 비롯한 여러 해변 도시들이 해수면 상승으로 수해를 입고 있다. 태평양과 인도양의 섬나라 몇 곳은 국토가 바닷물로 덮여 없어지게 되자, 다른 나라에서 영토를 사서 이주할 계획도 세우고 있다. 우리나라도 만조(滿潮) 때 하구로 밀려드는 높아진 바닷물이 해변 저지대 도시와 농경지를 덮치고 있다. 지구와 인류의 운명을 위협하는 지구 온난화의 원인은 바로 물에 있다.

물은 과거와 달리 풍부한 자원이 아니다. 지구 전체의 물 총량은 약 14억km³이다. 이 물은 지구 전체를 3,000m 깊이로 덮을 수 있는 양이다. 그러나 현실적으로 주로 이용하는 소금기가 없는 담수(淡水)는 이 가운데 0.8%에 불과하다. 산업이 발달하고 인구가 증가할수록 물 소비가 늘어나, 지금에 와서는 수자원이 나라마다 위기 상황에 이르렀다. 그에 따라 세계 가국은 좋은 물을 넉넉히 확보하기 위한 '물의 전쟁'을 시작하고 있다. 우리나라는 '4대강 개발계획'을 필두로 '저탄소 녹색성장' 정책을 펼치고 있다.

몇 해 전까지만 해도, 인류의 미래를 가장 위협하는 것은

'식량 부족', '공해', '지하자원 고갈' 3가지라고 말했다. 그러나 21세기를 맞으면서 여기에 추가하여, '지구 온난화'와 '수자원 부족'에 대비하지 않으면, 심각한 비극을 맞게 된다는 것을 알게 되었다.

21세기를 살아가는 우리는 해일처럼 다가오는 물의 위기에 대해 충분한 상식을 가져야 하게 되었다. 이 책은 물의 물리, 화학, 생물학적 성질을 비롯하여, 수자원으로서의 값어치, 앞으로 다가올 물 부족 현상과 대비책, 최대 문제가 되고 있는 지구온난화와 물의 관계 등, 물에 관한 모든 것을 소개한다. 독자는 이 책을 통해 저탄소 녹색성장의 길이 '물'에 있다는 것을 알게 될 것이다. 또한 이 책은 건강시대를 사는 사람들이 자신의 몸을 지키기 위해 어떤 물을 먹는 것이 좋은지 등, 물과 관련된 중요한 과학상식 150여 항목을 9개의 장으로 나누어 사진과 함께 쉬운 이야기로 소개한다.

－ 지은이 윤 실

차 례

제 **1** 장

물의 존재와 인간

물은 거저 무제한 얻을 수 있는 자원이라 생각해왔으나. 이제
가장 중요한 경제 자원으로 바뀌고 있다. 21세기에는 물 산업이
석유 산업을 추월할 것이다."

세계의 음료수 시장 크기가 2007년에는 약 3000억 달러였으나.
2010년이면 5,000억 달러로 성장할 전망이다."

강 물이든 해수이든 물이 있는 곳은 어디나 생명체로 가득하다. 최초의 생명체는 물에서 탄생했고, 물 없이는 어떤 생명체도 살아가지 못한다. 물은 생명의 근원이면서, 인간에게는 두려움과 놀라움의 대상이다. 햇살을 받아 반짝이는 호수의 은파, 계곡을 흐르는 녹색의 물빛, 긴 가뭄 뒤에 내리는 폭우, 비 그친 뒤 하늘을 가로질러 걸리는 무지개는 모두 물이 만드는 경이이다. 물은 부드럽다. 그러나 그 물은 지구의 표면을 조각하여 얼굴을 만들었고, 노도가 되거나 홍수로 밀려올 때는 상상을 넘는 위력으로 다가오기도 한다.

인류의 문명은 티그리스 강과 유프라테스 강이 있는 메소포타미아 지역, 나일 강이 흐르는 이집트, 중국의 황하(黃河) 유역(流域), 인도의 인더스 강과 갠지스 강 유역처럼 물을 구할 수 있는 곳에서 시작되었다. 세계지도를 보면 뉴욕, 런던, 로테르담, 몬트리올, 파리, 상해, 동경, 시카고, 홍콩, 싱가포르, 서울 등 대부분의 거대 도시가 모두 물가에 있다.

이제 21세기의 인류는 물의 중요성과 물의 위기에 대해 새로운 인식을 가지고 살아가야만 하게 되었다. 인간이 살 수 있는 유일한 천체인 지구에서, 인류가 번영을 누리며 살아갈 수 있는지 없는지는 물을 잘 관리하는 데 달렸다. 지하자원의 고갈과 함께 물의 위기에 봉착한 인류는, 이 두 가지 문제를 동시에 해결해야 지구의 주인으로 계속 살아갈 수 있는 것이다.

1-1. 물은 어디에 얼마나 있나?

물처럼 흔한 것은 없고, 물은 어디에나 있는 것이라 생각해 왔다. 물은 바다, 빙원(氷原), 호수, 강, 지하수, 하늘의 구름, 빗방울, 이슬과 안개 등의 상태로 어디에나 있다. 지구상에 존재하는 전체 물의 양은 약 14억km^{3}이며, 이 물은 지구가 탄생할 때 생겨난 이후 더 늘어나거나 줄지 않았다.

지구 표면적은 바다가 71%를 차지하고 있으며, 거기에는 지구상에 존재하는 전체 물의 97%가 담겨 있다. 그 외에 1.6%는 지하에 있고, 공기 중에 수증기와 구름 상태로 있는 양은 0.001% 정도이며, 빙하와 남북극에 얼음 상태로 2.4%의 물이 덮고 있다. 강과 호수에 담겨 있는 물은 0.6%에 불과하며, 동식물의 몸과 음식물 속에 포함된 물 역시 극소량이다.

지구상에 존재하는 물은 끊임없이 순환하고 있다. 바다와 육지에서 증발한 물은 구름이 되었다가 빗방울로 떨어져 다시 바다로 흘러들고 있다. 심해저의 물도 해류와 대류에 의해 수면으로 올라와 순환에 참여한다. 두터운 빙하 밑바닥 깊은 곳에 깔려있는 얼음의 물도 수백 년이 지나면 바다로 흘러내려 순환하게 된다.

사람들이 '수자원'이라고 말하는 물은 강이나 호수에 있는, 인류가 쉽게 이용할 수 있는 물을 말하며, 그것의 양은 전체 물의 0.01% 이하로 매우 작은 양이다. 오늘날 인류는 이 소량의 수자원을 잘 이용하여 농사를 짓고 산업 생산을 하며, 생활수와 식수로 쓰고 있는 것이다. 이러한 수자원은 지구상에 골고루 존재하는 것이 아니라, 많은 곳에는 풍부하다고 할 수 있지만, 사막처럼 지구상에는 물이 부족한 곳이 더 많다. 그래서 물도 귀한 자원이기 때문에 '수자원'이라는 이름을 가지게 되었다.

도표 −1. 지구상에 존재하는 물의 양과 비율

저장 장소	물의 양(백만 km³)	퍼센트
바 다	1370	97.15
빙 하	29	2.05
지하수	9.5	0.68
호 수	0.125	0.01
토 양	0.065	0.005
대 기	0.013	0.001
강과 냇물	0.0017	0.0001
동식물체	0.0006	0.00004

지구상의 물은 전체의 97%가 바다에 있다. 바다의 물은 지구 전체에 물이 순환되도록 하면서 기후를 만들고 있다. 물은 생명체의 몸을 이루어 물과 함께 살아가도록 한다.

1-2. 인류 문명을 발상시킨 물

인류의 문명이 시작된 곳은 모두 큰 강이 흐르는 주변이다. 그러나 인류 문명의 발상지인 4대 강 유역을 지도에서 보면 모두 사막지대이다. 이곳은 지금만 아니라 문명이 시작된 5,000여 년 전에도 건조한 땅이었다.

유프라테스 강과 티그리스 강이 있는 메소포타미아(강 사이에 있는 땅이라는 그리스어에서 나온 말) 지역과, 북아프리카의 나일 강이 흐르는 이집트는 우기(雨期)가 아니면 비가 좀처럼 내리지 않는 건조한 사막 지대이다. 중국의 문명이 시작된 황하의 상류 내륙도 건조 지대이고, 인더스 강의 상류인 인도와 파키스탄 지역 역시

이라크의 수도 바그다드에서 남쪽으로 약 110km 떨어진 유프라테스 강가에 건설되었던 기원전 24세기경의 고대 도시 '바빌론'의 상상도이다. 바빌론의 도시들은 수로로 연결되어 있었고, 홍수를 막는 제방과 건너다닐 다리도 있었다.

사막 지대이다.

건조 지대의 강변에서 인류의 문명이 꽃피게 된 것은, 물이 풍부해서라기보다 물이 귀했기 때문이었을 것이라고 학자들은 생각한다. 만일 물이 언제나 풍부했더라면, 사람들은 머리를 써서 문명을 만드는 노력을 적게 했을 것이다. 오늘날의 선진 문명도 4계절 따뜻한 열대지역보다, 혹독한 겨울이 있는 온대지역에서 더 발전하고 있듯이 말이다. 물이 부족한 당시의 사람들은 물을 안정적으로 구할 수 있도록 수백 킬로미터에 이르는 길고 긴 수로를 건설해야 했으며, 깊은 우물도 파고, 댐도 만들어 물을 저장하도록 해야 했다. 또한 1년 중 홍수가 나는 시기를 정확히 알아야 피신할 수 있었고, 강이 범람(氾濫)하면서 휩쓸고 지나가면, 완전히 변해버린 폐허에서 측량을 바르게 할 수 있어야 제 땅을 찾을 수 있었다. 이러한 일들을 안정적으로 하려면 그들에게는 사회적인 조직과 분업, 그리고 도덕과 율법, 종교와 같은 창의적(創意的)인 문화가 필요했던 것이다.

1-3. 지구의 물은 이렇게 생겨났다

우주에서 지구를 바라보면 푸른색과 흰색으로 보인다. 푸른색은 바다이고 흰색은 구름이므로 모두 물만 보이는 것이다. 그 때문에 우리가 사는 이 행성(떠돌이별)은 '땅의 구'(지구 地球)가 아니라 '물의 구'(수구 水球)라고 말하기도 한다.

기독교 성서인 구약성경 '창세기' 첫 부분에는 하느님께서 우주를 창조하실 때의 상황을 기록하고 있다. 창세기는 기원전 1,200~200년 전에 기록된 것으로 확인되고 있다. 내용의 일부를 보면,

　"한 처음에 하느님께서 하늘과 땅을 창조하셨다. 땅은 아직 꼴을 갖추지 못하고 비어 있었는데, 어둠이 심연을 덮고 하느님의 영이 그 위를 감돌고 있었다. 하느님께서 말씀하시기를 '빛이 생겨라' 하시자, 빛이 생겼다. …… '물 한가운데에 궁창이 생겨 물과 물 사이를 갈라놓아라.' …… '하늘 아래에 있는 물은 한 곳으로 모여 뭍이 드러나라' 하시자 그대로 되었다. 하느님께서는 뭍을 땅이라, 물이 모인 곳을 바다라 부르셨다."

궁창(穹蒼)은 끝을 모르도록 높고 넓은 푸른 하늘을 나타내

우주에서 바라보는 지구의 색은 바다의 푸른색과 구름의 흰색으로, 모두 물의 색이다. 물은 여러 형태로 존재하고 순환하면서 기상현상을 일으키고, 한없이 아름다운 경관을 만들고 있다. 망망대해로부터 끊임없이 해안으로 밀려드는 파도, 절벽에서 떨어지는 폭포, 깊은 산중의 고요한 호수, 아침햇살에 반짝이는 풀잎의 이슬방울, 고산 산정을 덮은 흰 눈. 이들 모두가 물이다.

는 옛말이다. 과학이 전혀 발달하지 않았던 시대의 기록이지만, 창세기에는 우주의 기본을 이루는 빛과 뭍(땅)과 물의 탄생에 대한 내용이 담겨 있다.

오늘날의 과학자들은 최초의 우주 탄생을 '빅뱅'(거대한 폭발)이라 부르는 빛의 탄생으로 설명하고 있다. 아무것도 없던 공간에 거대한 폭발이 있은 후부터 온갖 천체들이 생겨나기 시작했다. 마침 태양 근처에 흩어진 먼지와 물의 입자들이 중력에 끌려 점점 큰 덩어리가 되었고, 드디어 중력에 의해 그 내부에 엄청난 에너지가 생겨, 온도가 수천 도에 이르는 동그란 지구가 생겨났다.

지구 표면의 낮은 곳을 채우고 있는 물은 지구가 막 탄생하기 시작한 때인 46억 년 전부터 축적되기 시작했다. 지구상의 물은 주로 3가지 과정에 의해 생겨났다고 과학자들은 생각하고

창세기의 지구 모습은 작열하는 불구덩이 지옥의 모습이었을 것이다. 화산에서 분출되는 가스 속에는 많은 수증기가 포함되어 있다.

있다. 첫째는 지구가 탄생한 후 차츰 식어가며 굳어질 때, 우주
먼지 속에 이미 상당량의 물이 있었다는 생각이다. 두 번째는
지구 표면에 떨어진 수많은 혜성들로부터 현재 있는 물의 절반
이상이 왔다고 믿고 있다. 실제로 혜성의 머리에는 얼음 상태
의 물이 많이 있다. 그리고 세 번째는 과거에 화산 활동이 극
심할 때, 그 분화구에서 많은 양의 수증기가 나왔다는 것이다.
지금도 화산 분화구 위에는 수증기를 가득 담은 구름이 피어오
르고 있다.

탄생 초기의 지구 표면은 내부의 열 때문에 용암과 화산 가
스가 온통 뒤덮고 있었다. 분출되는 화산 가스에는 수증기와
여러 가지 기체가 포함되어 있었다. 수증기는 공중에서 식어
물이 되었으며, 그 물은 다시 지상에 떨어져 지구의 표면이 조
금씩 식어서 굳어지도록 했다. 이러한 상황은 수천 년 동안 계
속되었고, 그 때의 지구는 불과 물(수증기와 폭우)의 세상이었
다.

지구 표면이 얼마큼 식었을 때 낮은 곳에 물이 고여 바다가
생겨났다. 이때의 바다는 소금기가 없는 물로 채워진 담수해
(淡水海)였다. 그때부터 물은 바다와 하늘과 땅 사이를 순환하
면서, 지구의 표면을 깎아내려 지표(地表)의 형태를 만들기 시
작했다(제 4장 참조).

1-4. 지구는 액체의 물이 있는 유일한 행성

물은 지구만 아니라 다른 천체와 은하에서도 발견된다. 물의
주성분인 수소와 산소는 우주에 가장 풍부하게 존재하는 물질
이다. 혜성의 머리에도 물이 있으며, 수성의 대기 중에는 약
3.4%의 수증기가 있고, 화성의 대기 중에는 0.03%가 있다. 지

난 2008년에는 미국의 화성 탐사선 '페닉스'호가 화성의 표면에서 과거에 물이 있었던 흔적과, 극 지역에서 얼음 상태의 물을 직접 촬영했다.

과학자들은 지구가 탄생할 때 현재 지구에 있는 물이 생겨났고, 그때의 물을 지금까지 그대로 유지하고 있다고 말한다. 태양계의 8개 행성(명왕성은 현재 행성에서 제외됨) 중에서 액체 상태의 물을 가질 수 있는 곳은 지구뿐이다. 지구 안쪽에 있는 금성과 수성은 태양에 가까운 탓으로 기온이 높아 물은 전부 수증기로 변하고 액체나 고체 상태로 존재할 수 없다. 그리고 지구 바깥의 궤도를 돌고 있는 화성과 다른 행성들은 기온이 너무 차기 때문에 물은 얼음 상태나 소량의 수증기로만 있다. 말하자면 금성의 표면 온도는 평균 섭씨 462도이고, 화성은 섭씨 -4~-87도이기 때문이다.

태양계의 행성 중에 생명체가 생존할 수 있는 행성은 지구뿐이라고 대부분의 과학자는 믿고 있다. 그 이유는 여러 가지이지만, 그중에서도 중요한 것은 물이 고체, 액체, 기체 상태로 존재할 수 있는 행성이 지구뿐이기 때문이다. 지구만이 3가지 상태의 물을 가질 수 있게 된 두 가지 큰 이유는, 태양과 지구 사이의 적당한 거리와 지구의 적절한 크기에 있다.

지구는 태양으로부터 1억 5,000만km라는 아주 적절한 거리에 위치하고 있어, 지구의 기온이 물을 기체, 액체, 고체 상태로 유지하기에 적당하다는 것이다. 그렇다면 태양으로부터 지구와 같은 거리에서 운행하는 달에도 물이 있어야 한다. 그러나 달은 중력이 너무 약하기 때문에 기체 상태의 물조차 붙잡고 있지 못하여, 수증기만 아니라 어떤 기체도 모두 우주 공간으로 날아가 버린다.

만일 지구와 태양 사이의 거리가 현재보다 5%(약 800만km)만 더 멀거나 가깝더라도 물은 존재하기 어렵다. 태양에 더 가까우면 기온이 높아 물은 모두 수증기 상태로만 존재할 것이고, 또 더 멀다면 모두 얼어버려, 액체와 기체 상태의 물이 존재하지 못한다.

　지구의 크기가 지금보다 크거나 작아도 여러 가지 어려운 문제가 생긴다. 예를 들어, 지구가 거대해진다면 중력도 강해지므로, 지상에 사는 인간은 그 중력을 이기기 위해 코끼리 다리와 같은 굵은 팔다리와 하마 같은 허리를 가진 괴물의 모습이 되어야 할 것이다. 그리고 대기층도 두터워져 기압이 그만큼 높아지고, 따라서 기온이 훨씬 높은 지구가 된다. 또한 물이 계곡을 흐르거나 폭포에서 떨어진다면, 큰 중력 때문에 상상하기 어려운 힘으로 지각을 침식(浸蝕)하게 될 것이다. 현재의 지구 크기와 중력은 신비롭도록 균형을 이루고 있다.

　반대로 지구가 지금보다 작다면 그 환경은 달을 닮아가게 된다. 다행하게도 지구의 현재 크기는 적당한 양의 대기를 붙잡아둘 수 있다. 대기의 대부분은 질소(78.08%)와 산소(20.95%)이고, 일부만이

달 표면 위로 멀리 지구가 보인다. 달은 지구로부터 평균 384,403km 떨어져 있으므로, 지구처럼 물이 존재할 수 있을 것으로 생각된다. 그러나 달은 중력이 약하여 대기와 수증기를 끌어당기고 있을 힘이 부족하다.

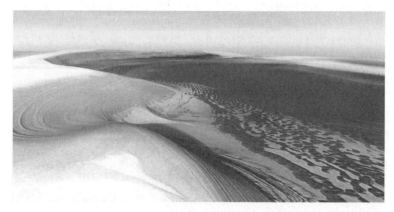

화성의 표면에서 물이 말라버린 호수와 같은 흔적이 발견되었다. 화성은 기온이
너무 낮아 물이 액체 상태로 존재할 수 없는 환경이다.

수증기(약 0.4%)와 이산화탄소(약 0.038%)와 아르곤과 같은 기
체이다. 공기 중에 포함된 수증기와 이산화탄소는 소량이지만,
이들 기체 덕분에 지구의 기온은 온실효과를 일으켜 급히 식거
나 더워지는 것을 막아주고 있다.

1-5. 화산과 혜성에서 온 많은 물

화산 분화구에서 분출되는 기체의 약 85%는 수증기이고,
10% 정도는 이산화탄소이며, 그 외에 질소와 황 화합물 등이
포함되어 있다. 화산에서 발생하는 수증기는 암석의 구성 성분
과 결합하고 있던 물이다. 화산에서 나온 수증기는 공중에서
비가 되어 지상에 내린다.

혜성은 눈덩이처럼 얼음을 가지고 있다. 미국 아이오와 대학
의 루이스 프랭크 교수는 이런 눈덩이 혜성이 지구 탄생 초기
에 지구에 대량 떨어져 지구의 물을 보충했을 것이라는 주장을

1986년에 했다. 그의 견해는 오늘날 사실로 인정되고 있다.

과학자들은 지구만 아니라 태양계 외의 다른 천체에도 물이 있을 것이라고 확신하고 있다. 따라서 외계에도 생명체가 있을 것이라고 믿는 학자가 많다.

1-6. 다양한 물의 이름

물은 헤아릴 수조차 없도록 많은 이름을 가진 물질이다. 중요한 물의 이름을 일부 찾아보기로 하자.

1. 물의 상태에 따른 이름 - 얼음, 물, 수증기
2. 사람이 마셔도 좋은가에 따라 - 식수, 음료수, 오수, 폐수 등('식수' 속에는 우물물, 수돗물, 지하수, 지표수(地表水 강과 호수 등의 물), 광천수, 생수, 찻물, 정수(여과수) 등

세계 여러 바다에서 석유를 채굴하고 있다. 원유가 부족해짐에 따라 시추선을 세우는 바다의 수심이 점점 깊어간다.

이 있다.)

3. 마시는 물의 온도에 따라 - 빙수, 냉수, 온수, 미온수, 열
   수 등
4. 기상 및 지구과학적인 이름 - 대기수(대기 중에 있는 물),
   강수(降水), 강설(降雪), 안개, 이슬, 서리, 성애, 빙하수, 온
   천수, (강수 : 비, 가랑비, 이슬비, 폭우, 우박 등) (강설 :
   눈, 싸락눈, 함박눈, 진눈개비 등)
5. 물이 나오는 위치에 따라 - 지하수, 해빙수, 빙산수(氷山
   水), 심층수(深層水 심해에서 길어 올린 물), 유성수(流星水
   우주에서 떨어진 별똥별에 포함된 물), 담수, 염수, 해수,
   광천수(탄산수, 미네랄워터)
6. 물을 정수한 방법에 따라 - 수돗물, 증류수, 재증류수, 이
   온수, 여과수, 멸균수, 정수기수
7. 세탁성에 따라 - 경수(硬水 : 무기염류가 많이 녹아 있는
   물), 연수(軟水)
8. 기타 - 결정수, 중수(重水 원자로에서 쓰는 중수소 물), 성
   수(聖水 종교 의식의 물), 그 외에 물에 대한 문학적 표현
   은 헤아릴 수 없도록 많다.

1-7. 바다가 간직한 인류의 무한 자원

인류는 달이나 화성의 표면에 대해서는 많은 것을 알고 있지
만, 해저의 세계에 대해서는 별로 알지 못하고 있다. 필리핀 동
쪽에 있는 가장 깊은 바다인 마리아나 해구는 가장 깊은 곳의
수심이 11,032m로 알려져 있다. 에베레스트 산 높이가 8,850m
이므로 이 해구의 수심이 더 깊다. 이곳의 수압은 해수면보다
1,000배나 높다. 그런데 이 깊은 곳까지 가본 사람은 아직도 두

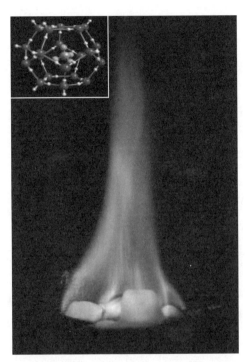

메탄가스가 물 분자와 결합하여 얼음처럼 변한 메탄수화물(메탄 하이드레이트, 가스 하이드레이트, 또는 메탄얼음)은 천연가스보다 높은 열량을 낸다. 메탄수화물은 메탄 성분 95%와 물 5%가 결합하고 있는 미래의 연료이다.

세 사람 분이다.

바다는 지구 표면의 4분의 3을 차지하고, 지구에 있는 물의 97%를 담고 있다. 태평양 하나는 지구 표면적의 3분의 1을 차지한다. 지구상의 바다는 서로 연결되어 있으므로, 모든 대륙은 광대한 바다로 에워싸여 있는 것이다.

국제무역으로 전 세계를 이동하는 하물은 전체의 95%가 바다 위로 운반되고 있다. 사람들은 바다에서 잡아낸 엄청난 양의 물고기와 게, 새우 등을 식량으로 삼고 있으며, 지금은 막대한 양의 원유를 해저에서 생산하고 있다.

뿐만 아니라 해저 깊은 곳의 퇴적물에는 석탄과 석유, 천연가스 등을 모두 합한 매장량보다 거의 2배나 되는 '메탄수화물'이라는 에너지 자원이 고스란히 저장되어 있다. 이 물질은 물 분자가 '메탄'(CH₄) 가스와 결합하여 얼음처럼 고체 상태로 된 것이다. 앞으로 화석연료가 부족해지면, 인류는 '물의 선물'이라고 할 수 있는 메탄수화물을 이용하여 필요한 에너지를 얻게 될 것이다.

지상에 비가 내리면, 그 물은 지상의 온갖 물질들을 녹인 상
태로 전부 바다로 흘러든다. 바닷물이 증발하고 나면 해수 속
에는 염분이 남는다. 바닷물이 짠 이유는 이 염분 때문이다. 수
만 년 후의 바다는 더욱 염도가 높아질 것이다. 세계의 바닷물
에는 소금 성분만 아니라 온갖 원소들이 녹아 있다. 예를 들면,
금 한 가지만 해도 약 7억 1,400만kg이 용해되어 있다고 추정
하고 있다. 그러나 농도가 너무 낮으므로 해수에서 금을 뽑아
낼 생각은 하지 않는다. 언제가 육지에서 채굴하던 광물과 자
원들이 바닥나면 모두 바다에서 찾아야 한다. 인류의 미래는
바다를 어떻게 보호하고 이용하고 관리하는가에 달렸다고도 할
수 있다.

1-8. 산소와 이산화탄소의 양은 물이 조절

물이 소금, 설탕, 비누, 물감 등 온갖 물질을 잘 녹이는 성질
을 가지고 있다는 것은 참 다행한 일이다. 물에 이산화탄소를
녹인 것이 사이다와 같은 시원한 탄산음료이고, 맥주의 거품
역시 병마개가 열릴 때, 내부 기압이 낮아지므로 물에 녹아 있
던 이산화탄소가 나오는 것이다. 물은 공기 중의 산소도 잘 녹
인다. 물속에 사는 물고기와 다른 동물들은 물에 녹은 산소를
아가미와 같은 특수한 기관으로 흡수하여 살아간다.

물에는 식물성 플랑크톤이 무진장 살고 있다. 바닷물에 사는
식물성 플랑크톤이 내놓는 산소의 양은 지구상의 모든 식물에
서 나오는 양보다 더 많다. 만일 산소를 녹이는 물의 성질이
없었더라면, 물에서 살 수 있는 생물은 거의 없을 것이다.

만일 육상에만 식물이 살고 있다면, 공기 중의 산소의 양은
인간이 호흡하기에 부족할 것이다. 고산에 오르는 등산가들은

3,000m 이상만 올라가도 산소가 부족하여 발생하는 고산병을 두려워한다.

1-9. 바다와 육지의 경계

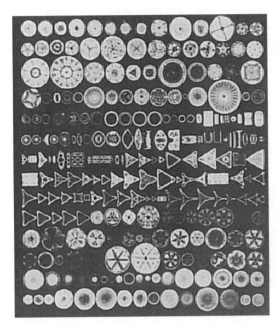

호수나 바다의 물에는 수천 종의 식물성 플랑크톤이 살고 있다. 이들은 광합성을 하여 불어나며, 산소를 생산한다. 또한 이들은 다른 하등동물의 먹이가 되어 먹이사슬을 이루도록 한다. 사진은 '규조'(diatom)라고 부르는 여러 가지 단세포 식물성 플랑크톤이다.

해안 절벽은 대개 기묘하고 아름다운 광경을 보여준다. 모래가 덮인 해변 사장은 어디나 휴양지로 사랑받는다. 넓게 드러나는 개펄은 온갖 해산물이 풍성하게 생산되는 보고이다. 최근에는 이러한 개펄이 이름난 관광지로도 개발되고 있다.

바다와 육지가 경계하는 해변에서는 바닷물이 바람과 비와 함께 침식작용을 하여 아름다운 경관을 조각해내고 있다. 산이라든가 육지의 침식작용은 수천 년 수만 년이 걸려야 눈에 뜨이도록 변화된다. 그러나 해안의 침식작용은 수 년 또는 수십 년 사이에 크게 일어나기도 한다. 해안을 잘못 개발하면 몇 해 사이에 사장이 없어지거나, 해변 한 쪽에 조개껍질이나 뼈들과 함께 바다의 쓰레기들이 쌓이는 현상이 나타나기도 한다.

약 460만 년 전 화산활동에 의해 생성된 독도는 파도와 바람에 의해 침식된 아름다운 절벽으로 이루어져 있다.

해안에 들이치는 파도는 해안선에 직각으로 오는 것이 아니라 거의 언제나 비스듬히 밀려온다. 그러므로 파도는 해변의 모래나 쓰레기를 끊임없이 아래나 위로 옮기게 된다. 그럴 경우, 이쪽 해변의 모래가 2,3년 사이에 저쪽 해변으로 이동하는 경우가 있다.

1-10. 바다를 지배하려는 인간의 노력

인류는 바다를 항상 두려워했다. 그러면서도 바다에서 먹을 것을 찾고 다른 곳으로 여행하려는 노력을 끊임없이 해왔다. 인류의 문명이 시작된 초기에는 육지가 보이지 않을 정도의 먼 바다로는 나가기를 두려워했다.

13세기에 이르자 유럽의 여러 용기 있는 사람들이 육로로 중국, 인도, 몽고까지 탐험하고 돌아왔다. 특히 베니스의 탐험가 마르코 폴로는 중국의 베이징까지 여행하여(1241~1247) 칭기즈 칸의 손자인 '쿠빌라이 칸'을 만나고 돌아와 유명한 여행기록 <동방견문록>(영어 책은 The Travels of Marco Polo)을 발표했다. 이후 유럽인들은 인도와 동양에 대해 많은 것을 알게 되면서 '실크로드'(Silk Road)를 개척하고 동방과 무역을 하게 되었다.

15세기 초에 이르자, 유럽 여러 나라는 선박 건조기술과 지도 작성 기술, 그리고 천문학이 발달했다. 당시 대서양을 접하고 있는 포르투갈과 스페인 두 나라는 거대한 마스트에 커다란 돛을 달고 빠르게 항해하는 범선을 제조하는 기술이 가장 앞서 발달했다. 이러한 범선으로 그들은 차츰 전 세계로 나가게 되었다. 당시 유럽의 탐험가들이 가는 곳은 어디나 신세계였다. 그들은 그곳 사람들과 금과 은, 비단, 그리고 향신료(깨, 고추,

작은 바위섬 위에 건축한 아름다운 별장. 많은 사람들은 바다나 호수 등 물이 있는 환경에서 살기 좋아한다.

후추, 생강, 마늘 등 음식 맛을 내도록 넣는 조미료)를 주로 구하려고 했다. 유럽의 항해자들이 세계의 대륙을 차례로 발견하여 무역을 하고, 식민지로 만들어가던 시대를 세계역사에서 '탐험시대'(The Age of Exploration) 또는 '발견시대'(The Age of Discovery)라고 부른다.

오늘날에도 바다는 가장 중요한 운송로이다. 전 지구인이 사용하는 원유와 천연가스의 약 60%는 바다 위로 운반되고 있고, 무역 하물은 90%가 해상으로 운송되고 있다. 그런 가운데 유조선과 화물선은 계속 건조되고 있으며, 한국은 세계 최대 조선국이 되었다.

호화여객선 '타이타닉'호가 빙산을 만나 침몰한 이후 호화유람선은 건조하지 않을 것이라고 잠시 생각되었다. 그러나 지금에 와서는 당시와 비교가 되지 않을 정도로 크고 호화로운 수백 척의 여객선(크루즈)이 세계의 바다를 여행하고 있으며, 호화 여객선을 이용한 여행은 더욱 발전하고 있다.

이제 여러 나라는 바다에서 부족한 전력을 생산하는 방법을 연구하고 있으며, 해저에서 온갖 지하자원을 생산하고, 해수 속에서 핵연료로 사용할 우라늄을 추출하는 방법도 찾고 있다.

1-11. 바다의 환경은 지금 건강한가?

바다는 육지에서 버려진 모든 쓰레기가 모이는 최종 집결지이다. 지구인들은 오래도록 바다를 거대한 쓰레기 폐기장처럼 대해왔다. 그 결과 생명체들의 광대한 삶터인 바다는 심각하게 위협받게 되었다. 육지에서 버린 온갖 쓰레기와 산업폐기물, 농축산폐기물, 자동차에서 발생한 먼지 가루 등은 강물에 실려, 또는 지하수와 함께 끝내 바다로 간다. 거기에는 유독한 화공

물질과 금속 부스러기, 생선을 가공하고 버린 것, 발전소에서
나온 재까지 포함되어 있다.

 유조선과 어선과 온갖 종류의 선박들은 바다를 다니는 동안
폐유를 흘리고, 때때로 충돌이나 화재 사고를 일으켜 대량의
원유를 유출하는 사고를 내기도 한다. 이런 원유 유출사고는
유조선이 바다를 다니기 시작한 이후 모든 해역에서 수시로 일
어나고 있다. 1989년에는 알래스카 해안에서 유조선 '엑손 발
데즈'호가, 2002년에는 스페인 해안에서 '프레스티지'호가 대형
유출 사고를 일으켜 세계의 뉴스가 되었다. 크고 작은 원유 유
출 사고는 해마다 빈번하게 발생한다. 우리나라에서는 지난
2007년 12월 서해안 태안 앞바다에서 대규모 유조선 원유 유출
사고가 나기도 했다.

 원유 오염 사고가 발생하면, 기름 성분은 아주 얇은 막을 이
루어 바다 표면을 덮는다. 깃털에 기름이 묻은 바다 새는 더
이상 생존이 어렵게 되고, 기름이 덮인 해변의 모든 생물도 죽

'바다 위의 호텔'이라 불리는 초호화 유람선의 하나이다. 오늘날 많은 사람들은
호화로운 도시의 호텔 같은 이러한 유람선으로 세계를 구경하는 '크루즈 관광'을
좋아한다.

게 된다. 또한 수면을 덮은 기름 막은 해수 속에 산소가 녹아
드는 것을 차단한다. 기름으로 오염된 바다는 물고기를 비롯한
모든 해양생물이 살기 어려운 환경이 되고 만다. 해저에 가라앉
은 기름 덩이는 마치 아스팔트처럼 깔리게 된다. 이렇게 한 번
오염된 바다는 회복이 어려워, 재생되기까지 수십 년이 걸린다.
그래서 바다의 원유 오염 사고는 '지구의 재난'이라고 말한다.

　해안 가까운 해저는 온갖 육상의 쓰레기가 버려져 있다. 그
중에는 자동차 타이어, 통조림 캔, 플라스틱 병, 냉장고까지 있
다. 또한 어부들이 건져 올리지 못한 그물과 밧줄도 엄청난 양
이 그대로 있다. 사람들은 바다를 '무진장한 자원의 보고'라고
말하면서도, 영원히 보호해야 할 바다의 환경을 자꾸만 병들도
록 하고 있다.

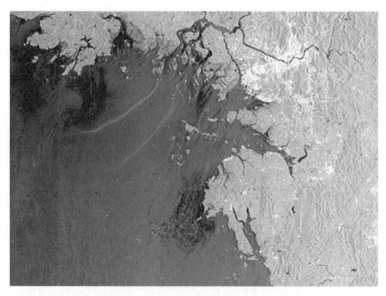

2007년 12월 7일, 서해안에서 유조선과 해상 작업선이 충돌하여 원유가 유출되
는 대규모 사고가 발생했다. 충돌 사건 1주일 후에 촬영된 이 위성사진에 원유
오염지역이 일부 나타나 있다. 이 사고 때 수많은 자원봉사자들이 겨울바람 속
에서 손으로 기름을 걷어내는 작업을 도왔다.

제 **2** 장

경이로운 물의 성질

지구를 구성하는 수소, 산소, 탄소, 철, 구리, 금, 우라늄 등의
원소는 모두 100여 가지이며, 이들 원소들은 서로 복잡하게
조합하여 수만 가지 물질을 만들고 있다. 세상에 존재하는 물질
중에 가장 신비스러운 것은 단연 물이다. 물은 가볍고 간단한
원소인 수소와 산소 두 가지만으로 구성된 매우 단순한
화합물이다. 그러나 물은 오늘의 과학으로도 설명하기 어려운
경이로운 성질들을 가졌다.

2-1. 물은 유별난 물질이다

우주에 가장 많이 존재하는 물질은 수소이고, 그 다음은 일산화탄소, 그리고 세 번째로 많은 물질이 물이다. 특히 지구에는 물이 많다. 물은 물리학, 화학, 생물학적으로 매우 특별한 성질을 가졌다. 과학자들은 물의 특이한 성질을 40여 가지나 찾아냈다. 물의 유별난 성질은 연구가 진행될수록 더욱 많이 발견될 것이다.

일반적인 상태에서 볼 때, 물이나 알코올은 액체이고, 산소나 이산화탄소는 기체이며, 쇠나 알루미늄은 고체이다. 그런데 물은 주변의 온도라든가 기압 등이 변하면, 어는 온도와 끓는 온도가 변하고 만다. 마찬가지로 산소는 기체이지만 온도가 아주 낮으면 액체로 되고 더 내려가면 고체의 산소가 된다. 고체인 쇠도 마찬가지이다. 고온이 된 쇠는 붉게 녹아 흐르고, 더 온도가 높아지면 기체로 변한다.

그런데 물은 겨우 섭씨 0도에서 100도 사이에서 이런 변화가 일어난다. 물처럼 상온(常溫 : 섭씨 16도) 상압(1기압)에서 상태를 쉽게 변하는 물질은 없다. 다른 물질들이라면 매우 온도가 높

과학자들이 보기에 '물은 가장 유별난 물질'이다. 물이 끓는다는 것은 액체 상태에서 기체 상태로 변하는 것이다. 기체의 물은 눈에 보이지 않는다. 흰 증기는 이미 작은 물방울로 변한 액체 상태의 물이다.

기나 낮아야 이런 변화가 일어난다. 예를 들어 물을 닮은 에틸 알코올은 섭씨 -114.3도가 되어야 얼어서 고체로 되고, 섭씨 78.4도가 되면 기체로 변한다. 이산화탄소는 -78.5도에서 고체가 되고, -56.6도에서 기체로 변한다. 한편 상온 상압에서 고체인 쇠는 1,538도가 되면 녹아서 액체가 되고, 온도가 더 올라 2,862도에 이르면 기체로 변한다.

2-2. 물은 모든 물질의 중심 물질

물의 종류와 이름이 아무리 많아도 화학적으로 물을 정의하면, 수소 2분자와 산소 1분자가 결합한 화합물이다. 과학자들은 물을 모든 물질의 중심에 두고 있다. 예를 들어 온도계는, 물이 어는 온도를 섭씨 0도로 하고, 끓는 온도를 100도로 정하고 있다. 물 1cm^{3}의 무게를 1그램으로 정하고, 다른 물질의 무게와 비교하여 비중을 정하고 있다. 말하자면, 물의 비중(比重)을 1로 정하고 보면, 금의 비중은 약 19이며, 납의 비중은 약 11.3이고, 가벼운 수소의 비중은 약 0.09이다.

2-3. 물은 색이 없고 냄새가 없다

사람들은 물맛이 좋다든가 나쁘다고 말하지만, 물은 색이 없고(무색) 냄새가 없는(무취) 물질이다. 하지만 그릇에 조금 담긴 물이나 얼음은 투명하게 보이더라도, 수심이 깊으면 아주 연한 푸른빛이 난다. 물이 기체화된 수증기도 기본적으로는 무색이다. 이처럼 물에 색이 없는 것은 참 다행한 일이다. 물빛이 탁

하거나 하면, 태양빛이 물속 깊숙이 침투할 수 없다. 그러면 물이 조금만 깊어도 수생 동식물들이 생존하기 어려울 것이다.

우리의 표현 중에는 '물색' 이라는 말이 있다. 숲이 우

육지 모래밭에서 부화된 거북 새끼가 곧장 바다 쪽으로 향해 가는 것은, 그들에게는 물의 냄새나 바다 냄새를 느끼는 감각이 있기 때문일 것이다.

거진 계곡물의 색이라든가 하늘이 비친 호수의 물색은 주변의 색을 혼합하여 반사해주는 매우 아름다운 색이다. 특히 노을빛을 반사해주는 바다나 호수의 물빛은, 표현하기 어려운 색을 가졌다고 할 수 있다.

물은 무취(無臭)라고 하지만, 동물의 세계에서는 물의 냄새를 감각하는 종류가 있다고 믿고 있다. 물에서 멀리 떨어진 곳까지 나와 놀던 개구리가 물을 찾아간다거나, 모래밭에서 갓 깨어난 거북의 새끼가 알에서 나오자마자 곧장 바다 쪽을 향해 간다는 것은, 그들에게는 인간에게 없는 물의 냄새를 느끼는 감각을 가졌기 때문일지도 모른다.

2-4. 물의 강한 표면장력

아침이슬이 동그란 것, 수도꼭지에서 떨어지는 물방울이 동

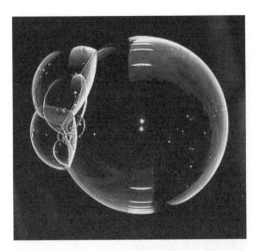

물의 분자가 서로 강하게 잡고 있으면 비눗방울의 표면이 늘어나기 어렵다. 비누가 풀린 물의 거품은 막이 매우 얇아진 커다란 방울이 되어도 잘 터지지 않는다. 하천 물에 거품이 많이 생기면 오염이 되었다는 것을 알 수 있다.

그란 것, 그릇에 담긴 물의 표면이 수평이 되는 것 등은 모두 물의 표면장력이 강하기 때문이다. 표면장력은 물 분자끼리 서로 뭉치려하는 성질(응집력) 때문에 생긴다. 물보다 무거운 수생 곤충들이 물에 빠지지 않고 헤엄치고 다닐 수 있는 것은 물의 표면장력 덕분이다. 이러한 물의 표면장력은 모든 액체 중에서 수은(水銀) 다음으로 강하다. 수은은 상온에서 은빛이 나는 액체로서, 금속으로 분류되는 물질이다.

대야에 담긴 물을 휘저어보면 거품이 잘 일지 않으며, 생기더라도 금방 깨어져버린다. 이것은 물의 분자는 분자끼리 당기는 힘이 강하기 때문이다. 그러나 비눗물을 막대로 저어보면 큰 거품이 대량 생겨난다. 비눗물은 표면장력이 약하므로 마치 잘 늘어나는 고무풍선의 막처럼 팽창해도 분자 사이가 쉽게 끊어지지 않아, 상당히 큰 거품이 되기도 한다.

비눗물의 표면장력이 약해지는 이유는, 비누 성분이 물의 분자 사이에 들어간 때문이다. 그러므로 스트로에 비눗물을 적셔 입으로 불면, 비눗물은 분자끼리 당기는 힘이 약하므로 고무풍선처럼 늘어나 터지지 않고 커다란 비눗방울이 된다.

태양, 지구, 달 등 대부분의 천체도 물방울처럼 동그란 모양

을 하고 있다. 태양은 그 표면이 액체 상태로 녹아 있으며, 지구와 달은 과거에 탄생할 때 뜨거운 열에 의해 액체 상태였기 때문에 둥근 형태를 갖게 되었다.

처마 끝에 매달린 물방울은 지구의 중력에 끌려 떨어지려 한다. 하지만 물 분자는 표면장력 때문에 쉽게 끊어지지 않으므로 길어지고, 이때 기온이 영하이면 얼어서 길고 커다란 고드름으로 자란다.

2-5. 물의 강한 부착력

물과 물 분자끼리 붙는 힘(응집력)은 '표면장력'이라 하고, 물과 유리처럼 서로 다른 물질이 붙는 성질은 '부착력'이라 한다. 안경 유리를 물에 씻고 났을 때, 유리 표면에 붙은 물방울은 뒤집어도 떨어지지 않고 남아 있다. 이것은 물의 분자가 유리 분자와 강하게 붙는 부착력 때문이다. 반면에 기름종이에 떨어진 물방울은 물과 기름 사이에 부착력이 없어 붙어 있지 않고 떨어진다.

유리와 유리 사이의 틈새에 물이 들어 있으면, 물과 물 분자끼리 끌어당기는 표면장력과, 물 분자와 유리 분자 사이에 서로 부착하는 힘이 함께 작용하여 큰 힘이 되므로, 두 유리는 매우 단단하게 붙어 있게 된다. 이럴 때는 두 유리를 서로 반대방향으로 밀어 미끄러지도록 하여 떼야 한다.

물의 표면은 마치 얇은 막으로 덮인 것처럼 강력한 힘이 작용한다. 수생 곤충이 물 표면에서 6개의 다리를 펼치고 스케이팅을 할 수 있는 것은, 물 분자가 서로 당기는 강한 표면장력 덕분이다.

2-6. 좁은 틈새를 오르는 모세관 현상

비좁은 유리관(모세관) 속의 물은 중력을 무시하고 관의 안쪽을 상당한 높이까지 기어오른다. 이것을 모세관현상이라 한다. 종이, 수건, 흙에 물을 쏟으면 그들은 젖어버린다. 젖는다는 것은 종이나 수건을 이루고 있는 섬유소의 틈새나 흙 입자 사이의 좁은 공간으로 물이 스며든 결과이다. 등잔의 기름이나 양초의 녹은 파라핀이 심지를 따라 오르는 것도 모세관현상이다. 스펀지가 물에 잘 젖는 것 역시 구멍난 좁은 틈새로 모세관현상이 일어나기 때문이다.

식물의 뿌리에서 흡수한 물은 좁은 물관을 따라 100m 넘는 높이까지 올라가 가지 끝 잎에 수분을 공급하기도 한다. 이러한 모세관 현상은 우리 몸의 모세혈관 속에서도 일어나고 있다. 만일 물이 모세관현상을 일으키지 않는다면, 지하수가 지표면까지 올라올 수 없어 식물의 뿌리에 수분공급이 잘 되지 않을 것이며, 식물조직의 물관이라든가 동물의 모세혈관은 기능을 하지 못해 생존이 불가능해지고 만다.

건조한 음식에 물을 부으면 곧 불어나기 시작한다. 불어난다

는 것은 음식 재료의 틈새로 물이 스며드는 모세관현상이 일어나는 것이다. 만일 음식재료가 물에 불어나지 않는다면 요리가 이루어지지 못한다.

죽은 나무나 동물의 시체, 배설물 따위는 모두 미생물이 분해한다. 바싹 마른 나무는 아무리 많은 시간이 흘러도 썩지 않는다. 그러나 수분이 있으면 틈

미국 캘리포니아 주에 자라는 '레드우드'라는 나무는 키가 120m에 이른다. 이런 나무의 꼭대기까지 뿌리에서 빨아올린 물이 올라갈 수 있는 이유에 대해서는 과학자들이 아직 잘 설명하지 못하는 신비이기도 하다.

새로 스며들어 미생물이 생존할 수 있기 때문에 나무를 부패시킬 수 있게 된다.

2-7. 고산에서는 저온에서 끓는 물

등산을 하는 사람들은 고산에 오르면 음식이 잘 익지 않는다고 염려한다. 그 이유는 기압이 낮으면 물의 끓는 온도가 내려가기 때문이다. 물이 끓는 온도는 섭씨 100도라고 일반적으로 알고 있다. 그러나 해발 8,000m를 넘는 기압이 낮은 에베레스트 산정에서는 68도에서 끓어버린다. 반대로 강한 수압을 받는 해저 가장 깊은 곳의 물은 수백도의 온도에서도 끓지 않고 액체 상태로 있다.

지구는 수천도로 뜨거운 용암을 가득 안고 있다. 용암이 존재한다는 것은 온천과 화산에서 드러난다. 또한 해저 깊은 바닥에는 '열수공'이라고 부르는 구멍이 있어, 지구 내부의 고온 가스가 뿜어 나오고 있다. 수백도의 고온 가스는 주변의 수온을 수백도로 높인다. 만일 그곳의

해저 수천 미터 깊이의 열수공 근처에 사는 물고기. 빛도 없고 산소도 없는 이곳에 황박테리아가 산다. 황박테리아는 열수공에서 분출되는 황으로부터 에너지를 얻어 성장한다. 이곳의 새우라든가 조개는 황박테리아를 먹어 생존에 필요한 영양과 에너지를 얻는다.

물이 지상에서처럼 100도에서 기체 상태로 변한다면, 열수공에서는 끊임없이 거대한 폭발이 일어나야 할 것이다. 그러나 다행하게도 수백 기압의 고압 조건에 있는 물은 섭씨 300도의 고온에서도 쉽게 기화하지 않는 성질을 가졌다.

2-8. 화학분해에 강한 물의 분자

물은 화학적으로 분해가 아주 어려운 물질이다. 그래서 약 200년 전까지만 해도 과학자들은 물은 화합물이 아니라 더 이상 분해할 수 없는 원소라고 믿을 지경이었다.

지금은 물에 전극을 꽂으면 전기분해가 일어나 산소와 수소로 분해된다는 것을 잘 알고 있다. 물을 전기분해하려면 상당한 전력(에너지)이 필요하다. 이것은 물을 이루는 산소와 수소가 좀처럼 떨어지려고 하지 않기 때문이다.

반대로 서로 떨어져 있는 산소와 수소는 아주 쉽게 결합하여 물을 이룬다. 예를 들어, 부엌의 가스레인지를 켜면 가까운 창유리에 쉽게 수증기가 맺히게 된다. 이것은 가스 속에서 나온 수소 원자가 공기 중의 산소 원자와 결합하여 물로 변한 때문이다.

또한 산소와 수소 원자가 결합하여 물이 될 때는, 물이 분해될 때와는 반대로 상당한 에너지가 나오게 된다. 예를 들어 순수한 수소 약 0.5kg과 순수한 산소 약 4kg을 결합시켜 4.5kg의 물을 만들게 되면, 이때 60W 전구를 325시간 켜기에 충분한 에너지가 방출된다. 연료전지라는 것은(본서 6-9 참조) 바로 수소와 산소를 결합시켜 물을 만들면서 전력을 생산하는 발전장치이다.

2-9. 잘 녹이고 잘 섞이는 성질

물은 온갖 물질을 잘 녹이는 성질을 가졌다. 물처럼 훌륭한 용매(溶媒 ; 녹이는 물질)는 없다. 그 덕분에 우리 몸속의 피를 구성하는 물은 온갖 영양분과 산소, 이산화탄소 등을 녹여 각 세포로 운반해주고, 필요 없는 것은 녹여서 배출해준다. 또한 온갖 물질이 녹아 있는 세포에서 생명활동에 필요한 화학반응이 잘 일어날 수 있는 환경도 만들어주고 있다. 입안을 적셔주는 침에는 효소와 살균 성분이 녹아 있다.

바닷물을 떠서 냄비에 담고 증발시키면 소금이 남는다. 이 소금 속에는 소금 외에 여러 가지 물질이 녹아 있으며, 이를 '염분'(鹽分)이라 한다. 해수에는 바다의 위치라든가 주변에 어

공장 굴뚝이나 자동차에서는 엄청난 양의 공해 가스가 나오고 있다. 흐린 날이면 온 하늘이 뿌옇게 된다. 그렇지만 비가 한 차례 내리고 나면, 하늘은 다시 청명하게 변한다. 이렇게 심한 대기오염에도 지구가 안전할 수 있는 것은 빗물이 공해 가스들을 녹여 청소해주기 때문이다.

떤 강이 흘러들고 있는지 등에 따라 다소 차이가 있지만, 평균 3.5퍼센트의 염분이 포함되어 있다. 그 가운데 가장 많은 원소는 염소(1.9%)와 나트륨(1.06%)이고, 그 외에 황(0.26%), 마그네슘(0.13%) 칼슘, 칼륨, 중탄산나트륨, 브롬, 스트론튬, 보론, 불소, 심지어 우라늄까지 소량이나마 용해되어 있다.

물은 고체만 아니라 산소와 이산화탄소를 잘 녹이는 성질까지 가졌다. 탄산가스를 녹인 물이 탄산음료이고, 맥주와 포도주의 기포는 녹아 있던 이산화탄소이다. 물에 녹지 않는 것은 지방질이나 기름과 같은 물질뿐이다. 생물체를 구성하는 세포의 물은 단백질과 DNA와 다당류를 녹여 생명활동을 할 수 있게 한다.

물은 비누를 녹여 목욕과 세탁을 가능하게 한다. 물이 없다면 어떤 방법으로 몸을 청결히 씻고, 때 묻은 옷과 이불과 카펫을 세탁할 것이며, 병균과 오물로 뒤덮인 것들을 씻어낼 수 있을 것인지 상상이 불가능하다.

물에 설탕을 녹여보면 놀랍도록 많은 설탕이 녹아들어간다는 것을 알게 된다. 만일 물의 온도가 높으면 더 많은 설탕을 녹인다. 소금의 경우도 마찬가지이다. 바닷물 1킬로그램은 약 300그램 이상의 소금을 녹일 수 있다. 물은 참으로 엄청난 용해도(溶解度)를 가진 것이다.

물이 기체도 녹일 수 있는 것은 참 다행한 일이다. 물에는 많은 양의 산소가 녹아 있다. 그 덕분에 물고기들은 물 밖으로 나오지 않고도 필요한 산소를 구할 수 있는 것이다. 물의 놀라운 용해 기능에 대해 인간은 감사해야 할 일이 여러 가지이다.

물은 다른 물질을 녹이기도 잘 하지만 잘 섞이기도 한다. 물에 알코올을 섞으면 어떤 비율로도 균질하게 혼합된다. 그렇다고 해서 물이 알코올로 변하거나 알코올이 물로 변하는 것은 아니다. 또한 수증기는 공기 중에 골고루 섞일 수 있는 성질을 가졌다. 이렇게 잘 녹이고 혼합되는 물이지만, 기름과는 잘 혼

합하지 않는다. 물과 잘 접촉하는 물질은 친수성(親水性) 물질'이라 하고, 반대로 피하는 물질은 '소수성(疏水性) 물질'이라 한다.

수채화 물감은 색을 가진 화학물질을 녹인 것이다. 물은 온도가 높을수록 다른 물질(고체)을 잘 녹인다. 커피는 더운 물에 잘 녹는 것으로 알 수 있다. 그러나 기체는 온도가 낮아야 많이 녹일 수 있다. 탄산음료나 맥주를 차게 보관하는 이유이기도 하다.

2-10. 물을 분해하면 수소와 산소로

물에 젖은 전선을 손으로 만지면 감전 위험이 있는 것은, 물이 전도체이기 때문이다. 순수한 물은 전기를 잘 통하지 않으나 물에 소금이라든가 다른 물질(소금 등)이 조금 녹아 있으면 훌륭한 도체가 된다. 물이 전기분해될 수 있는 것은 물이 전도체이기 때문이다.

물에 전극을 꽂아 전류를 흘려주면 산소와 수소로 분해된다.

반면에 산소와 수소를 혼합하여 태우면 열(에너지)을 방출하면서 물이 된다. 물을 전기로 분해하려면 많은 전력이 소모된다.

전력을 사용하지 않고 물을 분해하는 놀라운 일은 식물의 세계에서 일어나고 있다. 식물의 잎 세포에서는 태양빛만으로 물(H_2O)을 분해하여 수소와 산소로 만들고, 이때 생겨난 수소(H)와 공기 중의 이산화탄소(CO_2)를 결합하여 탄수화물을 만드는 광합성작용을 한다. 유감스럽게도 식물의 잎에서 일어나는 광합성에 대한 신비를 과학자들은 아직 완전히 밝히지 못하고 있다. 오늘날 과학자들은 자동차 연료로 휘발유 대신 수소를 사용하는 방법을 열심히 연구하고 있다. 식물은 과학자들이 아직 밝혀내지 못한 방법으로 소리 없이, 아무런 공해물질도 배출하지 않고 물을 분해하여 모든 영양물질의 기본인 탄수화물을 생산하고 있는 것이다.

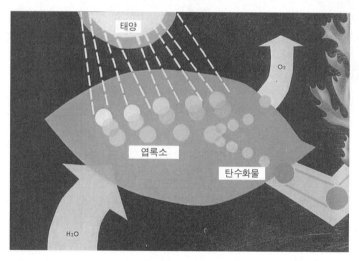

식물의 입에 있는 엽록소는 물을 분해하여 만든 수소와 공기 중의 이산화탄소를 결합하여 전분을 만든다. 이때 산소가 부산물로 생산된다.

2-11. 물은 열을 잘 보존하는 물질

물은 잘 더워지지 않고 잘 식지도 않는, 열을 잘 보존하는 성질이 있다. 뜨거운 물은 좀처럼 식지 않는다. 반대로 물을 데우자면 매우 긴 시간이 걸린다. 그래서 태양이 없는 밤이 오더라도 지구의 기온은 물 덕분에 빨리 식는 것이 방지된다. 만일 인체의 대부분이 물이 아니라면, 겨울에 외출했을 때 금방 체온이 식어버려 동사(凍死)하거나 생명의 위험을 받게 될 것이다. 다행히 물은 체온의 변화가 매우 더디게 일어나도록 해준다. 반면에 물은 증발하면서 열을 잘 흡수한다. 그 때문에 더울 때 땀을 흘리면 마르는 동안에 열을 빼앗겨 체온이 적절히 유지될 수 있다.

물은 좀처럼 식지 않는다. 물은 암모니아 다음으로 열을 잘 보존하는 물질이다. 그 덕분에 밤과 낮의 기온 차이가 적고, 지구 전체의 기온이 급작스럽게 변하는 것을 막아준다.

지구 표면의 70% 이상이 바다인 것은 참 다

행한 일이다. 만일 바다가 지금보다 소규모라면, 기온을 잘 유
지하지 못해, 낮에는 뜨겁고 밤이면 곧 식어버려, 마치 사막의
하루처럼 밤낮의 온도 차이가 심해질 것이다. 뿐만 아니라 적
도에서 생긴 따뜻한 물이 북극이나 남극으로 흐르면서 열을 잘
보온하기 때문에 기온 차이가 심하지 않은 사계절을 맞이할 수
도 있다.

　물의 이러한 성질 때문에 난방을 할 때는 고온 증기나 뜨거
운 물을 파이프를 통해 공급하는 방법을 쓴다. 만일 물이나 수
증기의 온도가 빨리 식어버린다면 먼 곳까지 난방을 하기 어렵
다. 지구상에서 일어나는 기온과 기상의 변화는 모두 물이 가
진 열 보존성과 관계가 있다(제6장 참조)

2-12. 증발할 때와 동결할 때는 잠열을 발생

　액체 상태의 물을 증발시키려면 끓이거나 하여 막대한 에너
지를 공급해주어야 한다. 그러나 반대로 수증기가 응결하여 물
이 될 때는 가지고 있던 에너지(열)를 방출하여 주변 온도를
높이게 된다. 이처럼 물에 잠재(潛在)해 있던 열을 잠열(潛熱)이
라 부른다. 물은 여러 물질 가운데 잠열이 유난히 크다.

　얼음을 녹일 때도 끓이거나 하여 열(에너지)을 가해야 한다.
반대로 물이 얼음으로 변할 때는 막대한 잠열을 방출하게 된
다. 눈은 물이 동결한 것이다. 그러므로 물이 눈으로 되는 과정
에는 잠열을 방출하게 된다. 눈이 내리기 전에 기온이 따스해
지는 것은 이러한 현상 때문이다. 그러므로 기온이 급강하는
겨울밤에, 온실 속에 물을 넉넉히 놓아둔다면, 그 물이 얼 때
열을 방출하기 때문에 온실 내부의 기온은 바깥보다 높게 유지
될 수 있다.

물이 얼어 눈이나 얼음이 될 때는 열(잠열)을 방출하고, 녹을 때는 열을 흡수한다. 물 컵에 담은 얼음덩이가 오래도록 녹지 않는 것은, 열을 계속 흡수하여 주변 온도를 내리기 때문이다.

지구상의 기온은 해수 또는 육지의 물이 가진 이러한 성질에 의해 기온 차가 크게 변하는 것을 막아주고 있다. 만일 지구상과 대기 중에 잠열이 큰 물이 없다면, 밤낮의 기온 차는 엄청나게 커질 것이다. 구름의 모양이 순식간에 변하고, 강력한 태풍이 발생하는 것도 이러한 잠열의 변화에 의해 심한 대류가 일어나는 것이다.

거대한 태풍은 막대한 양의 수증기를 담고 있다. 이 수증기가 빗방울로 변하여 폭우를 내릴 때는 엄청난 에너지를 발생하게 되는데, 그 힘이 폭풍을 일으키며, 그 위력은 원자폭탄 몇 십 개의 에너지에 해당하기도 한다.

2-13. 물은 불을 끄고 냉각시키는 액체

뜨거운 화로에 물을 뿌리면 쉿! 소리를 내며 흰 증기가 되어 증발한다. 증발하는 물은 주변에서 열을 대량 흡수한다. 장작불에 물을 뿌리면 증발하면서 열을 흡수하여 탈 수 없도록 온도를 내려버린다.

그러나 만일 전기장치에 발생한 불에 물을 뿌리면 물이 전도

체가 되므로 불을 끄지 못하고, 다른 감전(感電) 사고를 일으킬
수 있다. 그리고 기름이 타는 것에 물을 부으면, 물 위에 기름
이 뜨기 때문에 소화시키지 못한다. 용광로에서 달구어진 쇠를
빨리 냉각시키는 방법은 물속에 집어넣는 것이다. 물은 온도가
높더라도 화학변화를 일으키지 않는 안정된 물질이다.

스팀보일러가 폭발하는 사고가 일어났다면, 이것은 좁은 공
간에 지나치게 고압의 수증기가 밀폐되어 있었기 때문이다. 그
러므로 스팀보일러라든가 찜통, 증기 멸균기, 고온밥솥 등은 일
정 한계 이상 고압 상태가 되면 배기 밸브가 열리도록 안전장
치를 한다.

화학공장이라든가 발전소, 정유공장 등에서는 뜨거워진 장치
들을 냉각시키는데 물을 사용한다. 냉각제로 사용한 물은 자체
온도가 높아지므로, 이런 뜨거운 물을 강이나 바다로 쏟아내어
서는 안 된다. 그래서 발전소에는 거대한 냉각탑을 만들어 더워
진 물의 온도를 내려 환경 피해가 없도록 하여 방류하고 있다.

톱날 따위의 쇠붙이를 연마할 때는 마찰 때 높은 열이 발생
하여, 그 열로
인해 날이 제대
로 서지 않는다.
그러므로 이런
금속 연마 기구
에서는 냉각제
로 물을 사용하
여 연마 부분의
열이 높아지지
않도록 한다. 이
런 냉각제로는
물보다 더 편리

화력발전소에서 발전기의 터빈을 막 돌리고 나온 증기는
고온이므로, 고온 증기를 그대로 공중으로 방출하면 주변
기온에 변화를 준다. 사진의 둥그런 탑들은 뜨거운 증기
를 냉각시키기 위해 만든 거대한 냉각탑이다. 냉각탑 내
부 가장자리로는 바다나 호수의 냉수가 흐르도록 한다.

한 물질이 없다.

2-14. 섭씨 4도일 때 가장 무겁고, 얼면 가벼워진다

액체 상태의 물은 모양에 변화가 없지만, 고체화되면 얼음, 눈, 싸락눈, 서리, 우박, 성애, 고드름, 빙하 등 매우 다양한 모습으로 변화된다. 일반적으로 온도가 섭씨 0도 이하로 내려가면, 액체이던 물은 고체가 된다. 이때 얼음은 독특하게도 다른 물질들과는 달리 물일 때 보다 부피가 8% 정도 불어난다. 그 덕분에 얼음은 물보다 가벼워져 물밑으로 내려가지 않고 뜬다.

가끔 물에 뜬 빙산에 배가 충돌하는 사고는 있지만, 물이 얼면 가벼워지는 성질은 너무나 중요하다. 호수를 덮은 얼음은 그 아래의 수온이 잘 변하지 않도록 보온하여 수생 동식물이 겨울에도 살아가도록 해주는 역할을 한다. 또한 봄이 오면 물 위에 뜬 얼음은 태양열을 받아 쉽게 녹을 수 있다.

일반적으로 생각할 때, 물질은 기체일 때 가장 가볍고, 고체일 때 가장 무거우며, 액체는 그 중간일 것으로 느껴진다. 그러나 이상스럽게 물은 액체일 때보다 고체인 얼음일 때 더 가벼워져 물에 뜬다. 물이 이처럼 특별한 성질을 가졌다는 것은 참으로 다행한 일이다.

물은 섭씨 3.98도(약 4도)일 때 가장 무겁다. 이 보다 온도가 높아지면 그 무게는 조금씩 가벼워진다. 또한 이보다 온도가 내려가도 가볍다. 물이 고체 상태일 때 더 가벼워지는 이유는 액체 상태일 때보다 분자의 구조가 다소 엉성해져 부피가 증가하기 때문이다. 액체 상태일 때 더 무거워지는 물질에는 물 이외에 '비스무드'라는 희귀한 금속이 한 가지 더 있고, 그 외는 모두 고체일 때 무겁다.

얼음이 물보다 가벼운 것은 생명체가 생존하는데 절대적으로 중요한 성질이다. 만일 냉각된 얼음의 무게가 물보다 무겁다면, 호수와 바다의 얼음은 모두 밑으로 가라앉을 것이다, 기온이 영하인 계절이 오면, 강과 호수와 바다의 물은 바닥까지 얼어붙어, 그 속에는 생물이 살 수 없게 되고, 여름이 오더라도 그 얼음은 좀처럼 녹지 못하는 상황이 되고 말 것이다.

만일 그런 상황이라면, 바다 밑은 거대한 얼음덩이가 되고 말 것이며, 그에 따라 지구는 지금과 전혀 다른 기상 상태를 가진 행성이 될 것이다. 창조의 신은 겨울철에 수도관이 얼어 터지는 일이 있을지라도, 생명체를 위해 물에게는 예외의 성질을 부여한 것처럼 생각된다.

겨울 호수는 표면에만 얼음이 얼어 자연의 보온 덮개가 되므로, 그 아래의 물은 영상의 수온을 유지하고, 물고기들은 겨울이라도 이동하며 살 수 있게 된다. 그래서 남극과 북극의 빙상 아래는 수많은 물고기와 생명체가 사는 환경이 되고 있다. 겨울 낚시를 즐기는 사람들은 얼음 아래에서 놀고 있는 물고기를 잡는 즐거움을 찾는다.

바위틈으로 끼어든 물이 얼 때, 얼음이 팽창하는 힘에 의해 거대한 바위가 깨진
다. 지상의 흙과 모래알은 물의 힘에 의해 대부분 생겨났다.

　순수한 물이 얼면 투명하다. 얼음이 뿌옇게 보인다면, 그 속
에 공기가 많이 들어 있기 때문이다. 투명한 얼음이 푸른빛으
로 보이는 것은, 얼음이 파장이 긴 적색광선을 잘 흡수하고 파
장이 짧은 청색광을 약간 반사하기 때문이다. 얼음은 액체상태
의 물이 언 것이지만, 서리는 기체상태의 수증기가 물을 거치
지 않고 직접 고체인 얼음으로 된 것이다.

물이 얼음이 될 때는 엄청난 힘을 내면서 불어난다. 바위 틈새에 물이 들어가 얼면, 얼음이 팽창하는 힘에 의해 바위는 갈라지고 만다. 고대에 거대한 암석을 깨뜨릴 때는 징으로 바위를 일정하게 깬 후, 그 틈새에 물을 부어 얼리는 방법을 사용했다. 지구상을 덮고 있는 암석과 모래와 흙은 대부분 모두 이러한 현상에 의해 생겨났다.(물의 특성들은 이 책 곳곳에서 소개하고 있다.)

2-15. 물은 기체, 액체, 고체로 잘 변한다

일반적으로 물이라고 하면, 액체 상태의 물을 생각한다. 기체 상태인 수증기는 눈에 보이지 않고, 고체 상태인 얼음은 영하의 추운 곳에서만 보기 때문이다. 일반적으로 '고체'라고 하면, 단단하고 일정한 모양을 가지고 있으며, 힘을 주어 그 모양을 변형시키면 본래의 모습으로 되돌아가는 경향이 있다.

'액체'는 일정한 부피를 갖고 있지만 일정한 모양은 갖지 않는다. 액체는 단단하지 않고, 압력을 주면 모양이 변형되며, 본래 모습으로 돌아가지 않는다. 그런데 어떤 액체는 점성이 너무 커서 고체와 구별하기 곤란한 것도 있다.

기체는 일정한 모양도, 부피도 갖지 않는다. 압력을 주면 부피가 축소하고, 압력을 제거하면 팽창한다. 물은 대기압(1기압) 조건에서 100도가 되면 끓어서 기체로 된다. 그러나 기압이 낮은 산꼭대기에서는 100도보다 낮은 온도에서 끓어버려, 이런 곳에서 음식을 하면 제대로 익지 않는다.

기체, 액체, 고체로 쉽게 변할 수 있는 물의 특성을 다른 물질과 비교해보자. 예를 들어 기체인 산소의 온도를 섭씨 영하 183도까지 내리면 연한 푸른색의 '액체 산소'가 된다. 다시 이

보다 온도를 더 내려 영하 218.4도가 되면, 연한 푸른색이 나는 '고체 산소'가 된다. 그리고 우리가 보통 고체라고 생각하는 텅스텐은 섭씨 3,410도 이상 되어야 녹아 액체가 되고, 5,555도를 넘으면 끓어서 '기체의 텅스텐'이 된다.

물의 분자는 다른 화합물과는 달리, 섭씨 100도 차이(기압이 낮으면 더 낮은 온도 차이)에서 상태를 쉽게 변할 수 있는 특징을 가졌다. 이 때문에 물은 모든 생물이 존재할 수 있는 생명의 원천이 될 수 있었다.

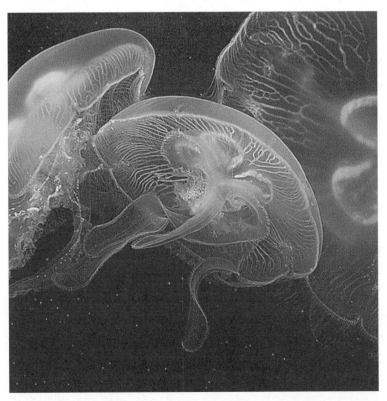

해파리는 몸의 94~98% 이상이 물로 구성된 동물이다. 수중에는 수분 비율이 높은 여러 가지 동식물이 산다.

2-16. 모든 음식은 물이 만든다

밥을 짓거나, 국을 끓이거나, 감자를 찌거나 어떤 요리를 하더라도 물이 있어야 한다. 생선을 기름에 튀기거나 석쇠 위에서 굽는다고 할 때는, 직접 물을 사용하지는 않으나, 생선에 포함된 물이 뜨거워져 요리가 된다.

냄비에 올려둔 음식이 까맣게 타버렸다면, 냄비의 물이 전부 졸아 없어졌기 때문이다. 요리의 재료가 되는 것은 모두 식물이나 동물체로부터 온 것이다. 생물의 몸을 구성하는 탄수화물이나 단백질은 모두 섭씨 100도가 되면 익는다. 액체 상태이던 계란을 삶으면 단백질 분자 사이에 물이 들어가면서 단단하게 변한다. 쌀알의 탄수화물도 끓이면 물이 스며들어 끈끈한 전분(호분질)으로 변한다.

2-17. 눈에 소금을 뿌리면 빨리 녹는다

습도가 높은 날, 접시에 소금을 담아두면 점점 축축해지다가 나중에는 완전히 물에 젖은 상태가 된다. 이처럼 고체가 습기를 흡수하여 액체 상태로 변하는 것을 '조해'(潮解)라고 한다. 소금만 아니라 수산화나트륨(NaOH)과 염화칼슘($CaCl_2$)도 물에 잘 녹으면서 습기를 쉽게 빨아들이는 조해 성질이 강한 고체이다. 눈이 많이 내렸을 때 길에 염화칼슘을 뿌리면, 그 자리의 눈은 훨씬 빨리 녹아 질펀해진다. 그리고 염화칼슘이 녹아 있는 물은 기온이 영하 50도 가까이 내려가도 좀처럼 얼지 않는다. 이것은 물에 다른 물질이 녹아 있으면 어는 온도가 0도 보다 훨씬 내려가기 때문이다. 이런 현상을 '빙점강하'라 한다. 바닷물이 영하에서도 잘 얼지 않는 이유도 여러 가지 물질이 녹아 있기 때문이다.

여름에 옷장 안이 눅눅해지는 것을 방지하기 위해 넣는 흰 가루로 된 제습제의 성분은 염화칼슘이다. 염화칼슘은 액체 상 태가 되어도 계속 수분을 흡수한다. 자그마치 자신의 무게보다 50배 이상의 물을 빨아들인다. 염화칼슘을 뿌린 도로는 다른 부분은 건조해져 있어도 한동안 젖은 상태로 있다. 이것은 땅 에 남은 염화칼슘이 공기 중의 습기를 흡수한 때문이다.

염화칼슘은 소금(염화나트륨)에 비해 값이 조금 더 비싸다. 그러나 소금보다 눈을 잘 녹이기 때문에 더 많이 사용한다. 자 동차의 몸체나 철근 등에 염화칼슘이 묻으면 철과 화합하여 부 식시키는 성질이 있으므로, 눈 덮인 도시의 거리를 다닌 차는 바닥까지 세차하는 것이 좋다. 염화칼슘을 많이 뿌리면 봄에 냇물이나 강물에 흘러들어 오염을 일으킬 것이라고 말하고 있 지만, 별다른 피해가 없는 것으로 알려져 있다.

2-18. 물을 빨리 증발시키려면

그릇에 담아둔 물은 끊임없이 증발한다. '증발'이란 물의 표 면 가까이 있던 분 분자가 물 바깥으로 튀어나가는 현상이다. 물의 표면에서는 강한 표면장력 때문에 물 분자가 쉽게 튀어나 가지 못한다. 그러나 모든 물(액체)의 분자는 쉬지 않고 운동하 고 있으며, 이 운동으로 인하여 일부 물 분자는 표면장력을 이 기고 수면 밖으로 튀어나가 증발한다.

만일 물의 온도가 높아지면 분자의 운동은 더 왕성해져 보다 빨리 증발한다. 그러다가 섭씨 100도(물의 끓는 온도)가 되면,

물은 기체 상태(기포)가 되어 수면 위로 올라가 상당히 빠른 속도로 증발한다. 기체 상태의 수증기는 가볍기 때문에 공중으로 올라간다.

젖은 빨래나 건조식품은 빨리 말릴 필요가 있다. 증발을 빠르게 하는 4가지 방법이 있다.

1) 앞에서 말한 대로 온도를 높이는 방법

2) 기압을 낮게 해준다. 해수면에서보다 기압이 낮은 에베레스트 산정에서는 더 빨리 증발한다. 펌프로 공기를 빨라내어 진공상태로 하면 더욱 빨리 건조된다.

3) 수면 위로 바람을 불어 공기를 빨리 이동시키는 방법. 바람이 잘 부는 곳에 널어둔 빨래는 더 잘 마른다.

4) 액체의 표면을 넓게 펼친다. 같은 양의 물이지만, 좁다란 병에 담아둔 것보다 넓은 접시에 담은 물이 더 빨리 증발한다.

수분을 빨리 증발시키려면 건조한 날 바람이 잘 부는 곳에 널어둔다.

2-19. 얼음은 왜 투명한가?

세상에 존재하는 물질의 상태는 고체, 액체, 기체로 크게 나눌 수 있다. 고체는 분자 사이가 서로 밀착해 있고, 액체는 조금 여유 있게 붙어 있어 흐를 수 있으며, 기체는 분자가 서로 떨어져 있어 자유롭게 움직인다.

물은 인간에게 무색, 무취, 무미한 물질이다. 물이 투명하지 않다면 햇빛이 약해 바다의 동식물이 살기 어려운 환경이 된다.

물질을 구성하는 분자는 모두 진동하고 있다. 단단한 고체의 분자는 마치 만원 버스 속의 승객들처럼 겨우 조금 움직일 수 있고, 액체의 분자는 조금 여유롭게 진동하며, 기체의 분자는 아주 자유롭게 움직인다. 예를 들어 수소의 분자라면 기온 0도일 때, 1초에 약 1.6km를 움직이고 있다. 분자의 운동 속도는 온도가 높을수록 빨라지고, 낮으면 점점 느려진다.

기체가 투명하게 보이는 이유는, 분자와 분자 사이에 공간이 많아 빛이 지나갈 수 있기 때문이다. 그러나 대부분의 고체 분자는 빛이 자유롭게 지나가지 못할 정도로 붙어 있어 투명하지 않다. 모든 물체는 빛을 받으면 그 빛을 흡수하거나 반사한다. 빛을 흡수하면 빛에너지는 열로 변한다. 검은색을 가진 물체는 빛을 거의 흡수하고, 흰색의 물체는 빛을 대부분 반사한다.

그런데 투명하게 보이는 얼음이나 유리와 같은 고체는 빛(광자)을 받으면, 반사하거나 흡수하지 않고, 빛이 온 방향과 같은 방향으로 빛을 내보낸다. 그러므로 그들은 투명하게 보인다.

물, 얼음, 유리, 다이아몬드, 투명 플라스틱 등이 투명한 성질을 가진 것은 참 다행한 일이다. 만일 투명한 유리나 플라스틱, 비닐 등이 없다면 얼마나 불편할까? 얼음이 불투명하다면 어떤 일이 생길까? 얼어버린 호수나 바다 밑으로는 태양빛이 들어가지 못해 수생 동식물이 살지 못하게 될 것이다.

2-20. 물속에서는 소리가 더 빠르다

수영을 하면서 잠수를 해보면, 물속에서는 소리가 전달되지 않을 것처럼 생각된다. 그러나 물속에서는 공기 중에서보다 소리가 더 빨리 전달된다. 물속에 사는 고래와 돌고래 종류는 음파를 내어 서로 통신하고 사냥을 한다. 수중에서 전쟁임무를 하는 잠수함에서는 음파탐지기를 전파처럼 사용하여 활동한다. 어선들은 물속으로 음파를 보내 물고기의 위치를 찾는 '어군탐지기'를 사용한다.

소리가 전달되는 속도는 물질의 성질(밀도, 탄성 등)과 그 물질의 온도에 따라 다르다. 아래의 도표는 공기와 몇 가지 중요한 물질 속으로 소리가 전달되는 속도를 나타낸다. 과학자들은 바닷물 속에서 소리가 전달되는 속도를 측정하여, 물의 온도를 알아내기도 한다. 예를 들면, 물은 온도가 섭씨 1도 증가하면 소리의 전달 속도가 약 4.6m 빨라진다.

물질	소리의 전달 속도(m)
공기(섭씨 0도)	331
공기(섭씨 20도)	343
공기(섭씨 100도)	366
헬륨(섭씨 0도)	965
수은	1452
물(섭씨 20도)	1482
납	1960
참나무	3850
철	5000
구리	5010
유리	5640
강철	5960

제 **3** 장

물은 생명의 요람

물은 생명체의 요람이다. 모든 생명은 물과 함께 산다. 인간의
첫 생명체(태아)는 '양수'(羊水)라고 부르는 어머니 자궁 속의
물에서 9개월 동안 성장한 것이다. 인간의 피는 90% 이상이
물이고, 신장의 조직은 82% 정도가 물로 구성되어 있다. 근육은
75%가, 간은 69%, 딱딱한 뼈도 22%는 물이 차지한다. 몸을
구성하는 이 물은 피부에서 증발하고, 소변으로 배출되며, 숨을
쉴 때 수증기로 나가고 있다. 그러므로 사람은 끊임없이 물을
먹지 않으면 안 된다.

3-1. 광합성, 호흡, 물질대사의 주인공

인체는 60~70%가 수분이고, 식물체는 대개 90% 이상, 대장균은 70%, 해파리는 94~98%나 물을 포함하고 있다. 생물 세포 속의 물에는 온갖 물질이 녹아 있는데, 거기에는 영양소, 효소, 호르몬이 있고, 산소와 이산화탄소도 있다. 생명체 속에서 일어나는 화학변화를 '물질대사'라고 하는데, 만일 물이 없다면 물질대사를 대신해줄 물질이 없다. 우리 몸의 에너지가 되는 탄수화물, 단백질, 지방질도 분자 상태로 물에 녹아 이동하고 있다. 그러므로 생명체의 몸에서 수분이 없으면 생명은 사라지고 만다.

식물세포에서 일어나는 광합성 작용과, 영양소를 변화시켜 에너지를 얻는 호흡작용 역시 물에서 진행된다. 태양에너지에 의해 광합성이 일어나면, 뿌리에서 빨아올린 물이 산소(O)와 수소(H)로 나누어진다. 그 수소와 이산화탄소(CO_2)가 결합하여 포도당이 만들어지고, 산소는 공기 중으로 나오게 된다. 태양에서 받은 에너지는 포도당으로 옮겨가 저장되었고, 생명체는 포도당을 이용하여 생존에 필요한 에너지로 사용한다.

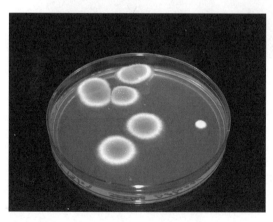

모든 생물은 물에서 태어나고, 물과 함께 산다. 시험관에서 자라는 미생물도 물 없이는 생존하지 못한다.

3-2. 인체와 물

우리 체중의 대부분은 물의 무게이지만, 물에는 칼로리도 없고 에너지원도 없다. 그러나 생명을 유지하려면 물이 언제나 충분히 공급되어야 한다. 음식을 먹지 않고는 약 1달을 견디지만, 물 공급 없이는 1주일을 생존하기 어렵다.

인체 내에서 물은 혈액의 성분이 되어 산소와 영양을 운반하고 이산화탄소와 노폐물을 체외로 배출한다. 물은 영양소와 산소와 이산화탄소 등을 녹일 수 있는 훌륭한 용매이며, 세포막을 자유로이 지나다닌다. 몸속에 나쁜 독소가 들어와도 물이 이것을 녹여 밖으로 배출한다. 체온이 오르면 땀으로 분비되어 체온을 냉각시키고 있다. 인간의 폐는 가만히 있어도 하루에 약 2.3 ℓ 의 수분을 호흡할 때 배출하고 있다.

만일 땀을 많이 흘리면서 운동을 한다거나, 토하거나 하여 수분 배출량이 증가하면, 직접 물을 마시거나 음식 또는 과일을 먹어 수분을 공급해야 한다. 과일이나 야채는 약 95%가 물이다. 인체가 분비하는 눈물, 콧물, 침, 소화효소의 대부분도 물이다.

술을 마시거나 커피를 많이 마시면 갈증이 심하고, 소변이 많아진다. 이것은 술 속의 알코올이나 커피 속의 카페인을 인체는 독소라고 생각하여 대량의 물에 녹여 체외로 배출하려 하기 때문이다. 응급환자가 병원에 입원하면 누구에게나 포도당 주사를 혈관에 꽂는다. '링거'(ringer)라고 부르는 이 주사액은 거의 전부가 물이다. 링거액은 수분과 영양을 공급하면서 독소를 씻어내는 생명수 역할을 한다.

눈에서 흘러나오는 눈물은 눈에 들어온 티끌을 씻어내고, 소독까지 해준다. 콧물은 코 안의 점막을 보호하면서, 들어온 먼

인체는 각 기관에 따라 수분 함량에 차이가 있다. 폐는 약 90%가 수분이고, 혈액은 82%, 뇌는 75%, 지방질은 25%, 그리고 뼈는 22%를 가졌다.

지를 씻어낸다. 입속의 침은 음식이 잘 섞이도록 하고 소화를 돕는다.

　물은 '수소 이온'(H+)과 '수산화 이온'(OH-)으로 나뉘는 성질이 있으므로, 생명체의 몸속에서 산성도(酸性度)를 조절하는 중요한 작용을 한다. 예를 들면, 위에 분비되는 소화액에는 강한 산성(산도 4 정도)을 가진 염산(HCl)이 포함되어 있다. 인체에는 염산을 담아두는 주머니 같은 기관은 따로 없고, 위 벽을 이루는 세포에서 필요할 때 생산된다.

위장의 세포에서 염산이 만들어질 때는 물, 소금, 이산화탄소가 화학반응을 일으키는 것으로 알려져 있다. 염산은 소화되기 어려운 음식을 분해시키기도 하지만, 음식과 함께 위에 들어온 세균과 바이러스까지 죽이는 작용을 한다. 그러나 대부분의 조직에서는 산도 7.4(pH 7.4)를 유지하는데, 이는 효소들이 활동하기 좋은 산도이다.

3-3. 바다는 무한한 생명체의 보고

모든 생명체는 처음 바다에서 생겨났다. 그리고 지금도 대부분의 생명체는 바다에서 살고 있다. 일반 사람들은 동물이나

하늘이 푸르면 바다도 푸른색이다. 그러나 하늘이 구름으로 덮이면 바다 빛은 회색으로 보인다. 물빛이 초록으로 보이는 바다에는 녹색의 하등 식물(녹조류)이 다량 살고 있으며, 바다가 적갈색이면 거기에는 적조(赤藻)라고 부르는 하등생물(바다의 플랑크톤 일종)이 번성한 때문이다. 홍해는 수시로 적조가 대량 발생하기로 유명하다.

식물이 주로 육상에 살고 있을 것이라고 생각한다. 그러나 지
구상에 사는 생물의 총량을 따질 때 80~90%는 바닷물 속에
살고 있다. 바다의 생물은 그 종류도 다양하여, 가장 작은 박테
리아와 조류(플랑크톤)에서부터 가장 큰 동물인 흰수염고래(blue
whale)까지 모두 바다에서 산다. 특히 흰수염고래는 지금까지
지상에 살았던 어떤 공룡보다 몸집이 커서 길이가 30.5m, 무게
는 최대 약 200톤이나 된다.

　바다의 동식물은 육지의 동식물과 많은 차이가 있다. 해면
(海綿)과 같은 동물은 조직이 매우 단순하여, 신경이라든가 소
화기관 또는 혈관 같은 순환기관이 없다. 뻥뻥 뚫린 몸속의 구
멍으로 바닷물이 지나가기만 하면 그 안의 플랑크톤을 걸러 먹
고 산소도 취하며 살도록 되어 있다.

　바다에만 사는 산호 종류는 바위에 붙어 매우 다채로운 색과
모양으로 바다 밑 세계를 만들고 있다. 산호가 붙어사는 곳에
는 온갖 바다생물과 물고기들이 산호 틈새에서 함께 살아가고

지상 최대 동물인 흰수염고래의 골격표본이다. 흰수염고래 수컷은 보통 길이
24m, 몸무게 150톤까지 자라며, 암컷은 이보다 좀 더 크게 자란다.

있다. 오스트레일리아 북쪽 바다에 있는 '대산호초'(人珊瑚礁)라
고 부르는 곳에는, 우리나라 남북한 넓이의 1.5배 정도 되는 범
위에 걸쳐(약 35만km²) 산호들이 가득 자라고 있다.

3-4. 생명이 넘치는 개펄의 환경

바다와 강, 호수에는 수많은 생물이 살고 있다. 만일 어떤 호
수의 물이 항상 그대로 고여 있다면, 그 호수는 얼마 못가 미
생물조차 살지 않는 죽음의 호수가 된다. 호수는 끊임없이 새
물이 흘러들고 또 한쪽으로 빠져나감에 따라 산소가 공급되고,
생물이 사는데 필요한 영양분이 공급된다. 그래서 양어장에서
는 물속의 산소가 부족하지 않도록 끊임없이 물을 휘저어주거
나 기포를 공급하고 있다.

바다는 거대한 호수이다. 바다는 육지의 강에서 새 물이 흘
러들고, 햇볕에 의해 해면에서 증발이 일어나고 있기는 하지만,
그것만으로는 깊고 넓은 바닷물 전체를 휘저어주지 못한다. 실
제로 바닷물을 가장 강력하게 골고루 뒤섞어주는 것은 달의 인
력에 의한 조석현상이다. 바닷물이 들어오고 나가는 것을 관찰
해보면 마치 거대한 강물이 흐르는 듯하다.

썰물이 되어 넓은 개펄과 해안의 바위가 드러나면, 거기에는
수많은 미생물과 작은 동식물이 햇빛을 가득 받으며 번성할 수
있는 시간이 된다. 개펄은 태양이 그대로 비치고, 영양이 풍부
하여 조개, 게 등의 천해(淺海) 하등동물과 해조류(海藻類) 등이
살기에 적합하다.

인류는 원시시대 때부터 바다에서 물고기와 새우, 게 등의
갑각류와 조개류 등을 잡아 식량으로 삼아 왔다. 바다에서는
비료를 주거나, 물을 주거나, 가꾸지 않아도 언제나 해산물을

썰물로 개펄이 넓게 드러나면, 영양분이 풍부한 개펄에는 눈에 보이지도 않는 하등한 동식물에서부터 게, 새우, 조개 등의 바다 생물이 번성한다. 이런 곳에 조수가 밀려들면, 그들을 먹이로 하는 다른 물고기와 바다 동물들이 찾아들어 풍요한 바다가 된다.

구할 수 있었다. 특히 조석이 드나들 때마다 넓게 드러나는 개펄에서는 다양한 종류의 해산물을 대량 채취할 수 있었다. 그러나 사람들은 거의 최근까지도 그 개펄의 중요성을 잘 알지 못하였다.

국토가 좁은 우리나라는 20세기가 거의 끝나기까지 해안의 여러 개펄 지역을 제방으로 막고 그 위에 흙을 쏟아 부어(간척공사 干拓工事) 농토나 육지로 만들어 왔다. 그러나 지금은 몇몇 지역에서 간척지의 제방을 없애버리고, 다시 바닷물이 들어오도록 하여 개펄로 되돌리는 노력을 하고 있다. 넓은 개펄 지대는 해산물만 생산할 뿐 아니라, 수많은 사람이 찾는 관광지로 변했다. 앞으로 인류는 개펄을 잘 보존하여 생존에 필요한 해산자원을 더욱 많이 생산하도록 해야 한다.

3-5. 심해 암흑세계의 신비한 생명

추위만 아니라 높은 온도 역시 생명을 위협하는 요소이다. 생물의 몸은 단백질로 구성되어 있고, 몸 안에서 일어나는 온갖 화학작용을 지배하는 효소들은 모두 단백질이다. 뜨거운 열은 이러한 단백질을 변질시키는 치명적인 조건이다. 실제로 생물에게는 추위보다 고온이 더 두렵다. 계란의 흰자와 노른자를 삶으면 굳어져버리는 것을 보면 쉽게 짐작할 수 있지요.

바다 밑의 세계는 대부분 신비로 남아 있다. 바다는 겨우 5% 정도만 탐험되었을 뿐이다. 해저 깊숙한 바닥에 사는 생명체에 대해서는 알려진 것이 극히 조금이다. 그곳에 사는 생물만 모르는 것이 아니라 이용할 수 있는 자원에 대해서도 알지 못하고 있다. 특히 '열수공'(熱水孔)이라 부르는 뜨거운 물과 황(黃) 가스가 분출하는 해저 구멍 근처에 사는 생물에 대해서는 더욱 모르고 있다. 열수공은 해저 3,000m도 넘는 깊은 곳에서 발견된다.

해저에서 마치 지상의 온천이나 간헐천처럼 뜨거운 물과 가스가 분출되는 열수공이 처음 발견된 것은 1947년 홍해 중간 지역이었다. 1977년에 미국 우즈홀 해양연구소의 해저탐험선(알빈호)은 갈라파고스 섬 근처 해구에서도 열수공을 발견하고, 그 근처에 물고기와 조개, 새우, 커다란 관벌레(giant tube worm) 등이 대량 살고 있는 것을 발견했다.

해저 3,000m는 태양이 비치지 않는 암흑세계이며 수압이 300기압이나 된다. 처음에 과학자들은 이런 환경에 사는 심해동물들은 표층(表層) 근처의 생물이 죽어 가라앉는 유기물을 먹고 살 것이라고 생각했다. 그러나 같은 깊이의 다른 해저에서는 찾아볼 수 없는 생명체가 열수공 근처에서만 발견되는 것이 매

열수공 근처에서는 관벌레, 게, 물고기 외에 새우 종류 등도 발견된다. 이러한 심해 동물은 물속의 황박테리아를 먹어 필요한 영양분을 얻는 다.

우 신비스러웠다.

2007년에는 코스타리카 근해 3,000m 깊이에서도 열수공이 발견되고, 그 주변에 여러 종류의 심해 동물이 무리지어 사는 것을 확인하게 되었다. 그곳 열수공에서는 섭씨 400도나 되는 뜨거운 물이 나오고 있었다. 그러나 조금 떨어진 주변의 수온은 단지 섭씨 2도 정도에 불과했다. 섭씨 400도의 물은 기체로 변하여 기포 상태로 나와야 하는데, 액체 상태의 열수(熱水)가 샘처럼 솟아나오고 있었다. 그 이유는 기압이 너무 높았기 때문에, 물은 400도를 넘어도 기화되지 않고 액체 그대로 분출했던 것이다.

과학자들의 조사 결과, 열수공에서는 황을 비롯한 무기물이

다량 녹은 물과 가스가 나오고 있었으며, 그 물 주변에는 황을
먹고 사는 황박테리아가 대량 살고 있었다. 이곳의 심해 동물
들은 모두 황박테리아를 마치 플랑크톤처럼 먹고 번식한다는
것을 알게 되었다.

황박테리아는 태양 에너지가 없더라도 황에서 에너지를 얻어
살아가는 특수한 생명체이다. 이 황박테리아를 확인한 과학자
들은 화성이나 목성과 같은 행성에도 황박테리아가 살 가능성
이 있다는 생각도 하게 되었다.

열수공이 있는 근처에서는 황과 구리, 철, 아연 등을 함유한
암석이 대량 발견된다. 그래서 앞으로는 이 열수공 근처에서
귀중한 광물자원도 채굴하게 될 전망이다.

3-6. 심해생물의 생존 방법

대륙붕보다 더 깊은 해저에는 어떤 생물도 살 수 없다고 믿
었다. 왜냐하면 그곳에는 빛도 없고, 산소가 부족하며, 온도가
낮고, 물의 압력이 너무 높아 생물의 몸이 견딜 수 없을 것이
라고 생각했기 때문입니다. 그러나 수천 미터나 깊은 바다의
바닥에 게, 조개, 새우, 지렁이를 닮은 동물과 박테리아 따위의
하등생물이 산다는 것을 알게 되었다. 그들은 태양이 없어도
해저 바닥에서 솟아 나오는 온천의 황 가스를 에너지로 하여
번성해 왔으며, 수백 기압의 높은 압력을 받아도 몸이 부서지
거나 납작해지는 일 없이 잘 살아온 것이다.

최근까지 세계의 열수공에서 400종 이상의 동물이 발견되었
다. 해저 열수공 근처에 수많은 동물이 살고 있다는 것은 정말
놀라운 일이다. 높은 수압, 빛이라고는 전혀 없는 어둠의 세계,
황 가스가 가득한 곳에 게라든가 거대한 조개, 소라, 털이 가득

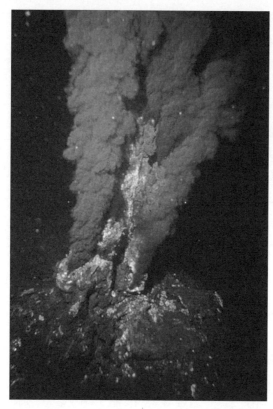

수천m 깊이의 열수공에서는 마치 지상의 온천이나 간헐천처럼 뜨거운 물과 이산화황 등의 기체가 발생한다. 열수공의 물은 그 속에 포함된 광물질의 성분에 따라 검은 색 또는 흰색의 연기처럼 나오기도 한다.

한 입이 없는 관벌레(管蟲), 황을 에너지로 삼는 박테리아, 심지어 물고기까지 활발하게 살고 있는 것이다. 심해저에서 발견되는 이런 생명의 세계를 '심해의 오아시스'라 부르기도 한다.

심해 오아시스는 전 세계 깊은 바다에서 계속 발견되고 있다. 수심이 10,000m 되는 곳은 물의 압력이 1,000기압이나 된다. 해저 열수공 근처의 환경은 지구가 처음 탄생하던 당시의 환경과 거의 비슷하다고 볼 수 있다. 이런 열수공에서 나오는 물은 수압이 높은 관계로 온도가 섭씨 650도에 이르기도 한다. 그렇지만 그 물은 아직 수증기로 변하지 못한다.

해저 오아시스에서 사는 커다란 관벌레(3-5 참조)나 큰 조개를 해부해 보면, 그 몸속에 수백억 개의 '황세균'들이 살고 있다. 조사에 의하면 조개 몸 500그램 속에 100억 개 정도의 황세균이 공생하고 있었다. 황세균은 황화수소를 황산이나 황산염으로 만드는 화학 합성 능력을 가지고 있다. 이런 반응이 일어날 때 에너지가 나오게 되는데, 이 에너지가 태양에너지 역할을 대신하여, 물속의 이산화탄소와 물을 결합시켜 그들의 영양이 될 탄수화물을 합성해 내는 것이다. 심해 오아시스에 사는 각종 동물은 바로 이들 황 박테리아가 합성한 탄수화물을 기본 영양으로 하여 활발하게 살아가는 것이다.

태양이 없어도 생명체가 살 수 있다고 하면 믿어지지 않는다. 그러나 온천물과 황 동굴, 그리고 해저 열수공에 황세균이 사는 것을 보면, 지구 이외의 다른 행성, 예를 들면 산소 대신 황과 메탄가스가 가득하고 기온이 낮은 화성과 같은 환경에도 생명이 탄생해서 살고 있을 가능성이 충분히 있는 것이다.

3-7. 남북극의 냉수 바다에 사는 생명

남북극의 찬 바다에는 열대지방의 바다처럼 많은 생물이 살지는 않지만, 여러 종류의 동식물이 환경에 잘 적응하여 살고 있다. 그중 어떤 동물은 여름에만 이곳 바다에서 지낸다. 극지방의 동물은 추위를 견디도록 피부가 매우 두터운 지방층을 가지고 있다.

북극 바다에는 약 20종의 포유동물과 100여종의 새들이 살고 있는데, 대표적인 포유동물이 북극곰(흰곰)이다. 북극곰은 바다에서 대부분의 먹이를 찾아낸다. 또한 순록, 북극늑대, 북극여우, 바다사자, 바다코끼리, 흰돌고래와 일각고래도 살고 있다.

남극은 다른 대륙과 너무 멀리 떨어져 있어, 육상 포유동물은 없고, 물속에 사는 몇 가지 고래 종류만 있으며, 그 외에 새

크릴은 남극바다의 작은 플랑크톤을 먹고 산다. 잡아온 크릴은 낚시 미끼, 양어장의 사료 등으로 대부분 이용된다. 크릴은 식량으로서도 훌륭한 영양가를 가지고 있다.

들이 몇 가지 있다. 특히 이곳에는 20여 종류의 펭귄이 사는데, 그들 중에 황제펭귄이 체격이 가장 크다. 펭귄들은 등은 검고 배는 흰색을 하고 있는데, 이러한 몸 색은 자신을 지키는데 유리하다. 헤엄치고 있는 펭귄을 공중에서 바라보면 등이 검어서 잘 보이지 않는다. 반대로 밑에서 위를 보면 흰색이어서 하늘색이나 얼음덩이와 구분이 잘 되지 않는다.

　남극바다에 가장 많이 살고 있는 것은 '남극새우' 또는 '크릴'이라고 부르는 새우를 닮은 갑각류이다. 크릴은 남극바다의 수염고래, 가오리, 고래상어, 바다표범, 펭귄과 바다 새, 오징어, 기타 물고기의 먹이가 되고 있다. 크릴은 그 양이 어찌나 많은지 "식량 위기가 오면 크릴을 식량으로 하자."는 주장도 있었다. 그러나 최근 크릴을 너무 많이 잡기도 하려니와 지구 온난화로 수온이 높아져 바다 동물들의 먹이가 되는 크릴까지 감소할 염려가 있다.

펭귄 종류 가운데 가장 큰 황제펭귄은 키가 122cm까지 자라기도 하고, 몸무게는 22~37kg에 달한다. 크릴이나 오징어 등을 사냥하며, 날지 못하는 대신 훌륭한 수영선수이다. 물속에서 최고 18분 동안 머물며, 수심 535m까지 잠수한 기록도 있다. 펭귄은 캄캄한 긴 겨울 동안 수컷이 알을 발등에 얹어두고 품어 부화시킨다.

3-8. 얼음 위에 사는 생물

생물체의 몸은 대부분 물로 이루어져 있으므로, 물이 어는 추운 곳에서는 모두 얼어 죽어 아무런 생물체가 살 수 없을 것처럼 생각된다. 그러나 극한(極限)의 추위가 계속되는 극지방에도 동물과 식물이 살고 있다.

파충류라든 개구리 그리고 곤충의 체온은 외부 온도에 따라 변하므로 기온이 지나치게 내려가면 활동을 못하므로 동면을 한다. 북극이나 남극지방은 기온이 수시로 영하 50도에 이르고, 반면에 사막은 영상 60도를 넘기도 한다. 남아프리카의 칼라하리 사막은 낮에 70도까지 올라갔다가 밤이 되면 영하 5도까지 떨어지는 일이 허다하다고 한다. 시베리아라든가 캐나다 북부 유콘지방은 겨울 기온이 영하 50도까지 내려간다. 그래도 이곳 에는 순록이라든가 엘크사슴, 북극곰과 같은 동물들이 추위를 잘 견디고 있다.

극한의 환경에서도 잘 살아가는 동물이나 식물을 보면, 동물 의 혈액이나 식물의 수액이 어떻게 영하에서도 얼지 않을까 하 는 의문이 든다. 많은 곤충의 알들은 나무껍질 틈새나 흙속에 서 영하의 겨울을 난다. 또한 나뭇가지에 매달려 있다가 봄에 움트는 눈들은 모두 가을에 만들어져 추운 겨울을 지낸 것들이 다.

북극의 포유동물들은 눈에 굴을 파고 들어가 눈 밑에서 지낸 다. 에스키모가 살아온 얼음집이라든가 눈 속의 굴은 외부의 찬 기온을 막아주고, 굴 내부의 온도가 잘 식지 않도록 해주므 로 훨씬 따뜻하다. 그래서 고산에 오르는 산악인들도 조건만 허용한다면 눈 속에 굴을 파 고 들어가 혹 한을 이긴다.

극한지역 생 물로서 감탄스 러운 존재는 지의류(地衣類) 라는 하등식물 이다. 지의류는 조류(藻類)와 균류(菌類)가 공생하는 식물

섭씨 0도에 가까운 북극의 바다에도 많은 종류의 바다 식 물이 살고 있다. 고산이나 극지의 바위에 붙어사는 하등식 물의 체액은 잘 얼지 않는 자연의 부동액으로 채워져 있 다.

로서, 보통 바위나 나무껍질 등에 바싹 마른 듯이 붙어산다. 이 지의류는 추위에 강해 도저히 살 수 없을 것 같은 해발 7,000m 의 고산 바위라든가, 극지의 바위 절벽에도 살고 있다.

기온이 일정한 온도 이하로 내려가면, 생물의 몸을 이룬 수 분이 얼게 되어 세포가 파괴될 것으로 생각된다. 그러나 지의 류의 체내에 포함된 수분은 그렇게 기온이 떨어져도 얼지 않는 다. 또한 그들의 세포는 저온에서도 신비스런 방법으로 광합성 까지 하고 있다. 실험에 따르면, 어떤 지의류는 영하 196도에서 보관하다가 자연 상태에 내놓으면 곧 광합성 활동을 시작한다.

물에 소금이나 설탕과 같은 물질이 녹아 있으면 잘 얼지 않 게 된다. 이런 물리현상을 '빙점강하'(氷點降下)라고 한다. 폭설 이 내리면 도로에 덮인 눈이 얼지 않도록 결빙 방지제를 뿌린 다. 겨울이 오면 자동차 라디에이터의 냉각수에 부동액을 채운 다. 부동액은 물에 '글라이콜'이라는 물질을 50퍼센트 혼합한 것인데, 영하 34도까지는 얼지 않는다. 겨울을 대비하는 많은 곤충 종류는 체액 속에 부동액을 채워 몸이 어는 것을 막는다. 그들이 쓰는 부동액은 글리세롤인데, 글라이콜과 화학적으로 비슷한 물질이다.

3-9. 늪은 왜 특별한 녹색 환경인가?

세계 각국은 늪지 보호를 위해 애쓰고 있다. 특히 영국, 노르 웨이, 남아프리카, 미국 등은 대표적인 늪지 보호국이다. 우리 나라도 경남의 '우포늪' 등 늪지 보호에 애쓰고 있다. 늪지는 바닷물로 젖어 있는 '해수 늪'과, 담수가 고여 있는 '담수 늪', 그리고 해수와 담수가 섞인 '기수(汽水) 늪'이 있다.

'늪지'(습지)란 물과 육지가 경계하는 부분으로서, 영구적으로 흙이 젖어 있는 땅을 말한다. 우리가 주식하는 벼는 늪지식물에 가깝다. 수백만 년 동안 수생 동식물이 살아온 늪지의 토양은 따로 '수토'(水土)라고 부른다.

세계의 열대 바다 해안(해수 늪)에는 '맹그로브'라는 관목(灌木 : 가지가 많은 나무) 종류가 대규모로 산다. 일반적으로 맹그로브라고 부르지만, 여기에는 여러 종류가 있다. 육지 식물은 염분이 높아 살지 못하는 바닷물에 그들은 뿌리를 내리고 산다. 맹그로브들은 짠 바닷물을 여과하는, 과학자들도 확실히 모르는 특별한 장치를 가지고 있다. 산소가 부족한 바다의 수토 속에 뿌리를 박고 살 수 있는 것은, 그들의 줄기에서 긴 뿌리 속까지 공기가 통하는 통로가 있기 때문이다.

맹그로브의 뿌리들 사이에서는 수많은 물고기와 바다동물이 살고, 줄기와 잎에는 새와 파충류와 작은 포유류들이 생활하고 있다. 특히 맹그로브 뿌리는 물고기의 산란장이 되고, 새끼가

열대지방의 바닷가에는 많은 종류의 맹그로브가 자란다. 맹그로브는 해양 동물들의 삶터가 되며, 강한 파도와 바람을 막아준다.

경남 창녕에 있는 우포늪은 1억 4천만 년 전에 생겨난 우리나라 최대의 담수 늪지이다. 가로 2.5km, 세로 1.6km 정도인 우포늪은 '자연생태 경관 보전지역'으로 지정되어 있으며, 1998년에 '국제 보호습지'로 지정되었다.

자라는 환경을 이루고 있다. 무성한 맹그로브는 큰 파도와 바람을 막아주고, 오염된 바닷물을 정화하는 작용도 한다.

육상의 넓은 늪지는 홍수를 막아주고, 습도와 온도를 일정하게 유지하는 역할을 한다. 늪지에는 수련과 부들, 붕어마름 등의 수생식물이 사는 곳이며, 그 물에는 온갖 곤충을 비롯하여 물고기, 파충류, 새, 작은 포유류들이 번성한다. 과학자들은 많은 종류의 생물이 사는, '생물 다양성'이 풍부한 늪지 보호에 힘쓰고 있다.

지난 날, 늪지의 중요성을 모르던 사람들은 늪을 흙으로 메우고 농사를 하거나, 공장을 세우거나 했다. 그러나 지금은 해변의 개펄을 보호하듯이, 늪도 보호해야 할 귀중한 환경이 되었다. 뉴질랜드 같은 나라는 늪의 중요성을 미처 몰라, 과거에 전국 늪지의 90%를 흙으로 메운 것으로 알려져 있다.

3-10. 사막을 선택한 낙타의 물 적응 지혜

지구 육지의 상당 부분은 사막이다. 사막이라고 하면, 1년 동안에 비가 250mm 이하로 내리든가, 비가 내리는 양보다 증발량이 더 많은 곳이다. 인류는 모래 바람이 불고, 물이 귀한 사막지대에서도 낙타와 함께 가축을 키우며 수천 년 전부터 살아왔다. 사막에서 발견된 화석을 조사한 과학자들은, 기원전 2,000년경에 이미 낙타와 더불어 살아왔다고 믿고 있다. 낙타는 사막 주민에게 젖과 고기를 제공하고, 짐과 사람을 운반하는 도구가 되었으며, 전쟁 때는 낙타 등에 타고 싸우기도 했다.

낙타라고 하면, 장기간 물을 먹지 않고 잘 견디는 동물로 유명하다. 낙타의 몸은 기온차가 크고 건조한 곳에서 살아갈 수 있도록 매우 흥미롭게 적응해왔다. 더운 지역의 사막 기온은 한낮에는 섭씨 45도를 넘기도 하고, 밤이면 0도 가까이 내려간다. 고비사막 같은 곳은 밤 기온이 영하로 내려간다.

인간의 체온은 항상 섭씨 37도 근처에서 유지된다. 만일 체온이 더 높아지는 상황이 되면 땀을 흘려 체온을 그대로 유지하도록 한다. 그러나 낙타의 체온은 섭씨 34도~41도 사이에서 변할 수 있다. 기온이 높으면 체온을 올려 땀을 흘리지 않도록 하고, 기온이 내려가면 체온을 내려 추위를 덜 느끼도록 한다.

낙타는 서아시아와 중앙아시아 지역에 사는 혹이 2개인 쌍봉낙타('아시아 낙타'라 부름)와, 아라비아와 아프리카 지역에 사는 혹이 하나인 단봉낙타('아라비아 낙타') 두 종류가 있다. 낙타의 등에 최대 75cm 높이로 불룩 나온 혹 속에는 지방질이 저장되어 있다. 이 지방질은 외부와 몸 내부 사이의 열을 차단

낙타의 속눈썹은 이중으로 길게 나 있어 사막의 폭풍 속에서도 모래 먼지를 잘 막아준다. 또한 낙타의 콧구멍은 구불구불 길게 되었는데, 호흡할 때 숨과 함께 나가는 수증기를 응결하여 다시 그 물을 사용하기 위한 것이다.

하여, 낮에는 뜨거운 햇빛의 열기를 막아주고, 밤이면 체온이 빨리 식지 않도록 냉기를 막아준다.

낙타가 오래도록 물을 마시지 않고도 견딜 수 있는 가장 큰 이유는, 혹에 대량 저장된 지방질 덕분이다. 저장된 지방질은 낙타의 활동에 필요한 에너지를 제공한다. 신비롭게도 1g의 지방질이 분해되면, 에너지와 함께 1g 이상의 수분이 생겨난다. 낙타의 몸은 이 수분을 이용하며 오래도록 물 없이 산다.

낙타는 체중의 20~25%나 수분이 빠져나가도 견딘다. 다른 포유동물이라면 수분이 체중의 3~4%만 빠져도 죽을 수 있다. 오래도록 목마르던 낙타는 오아시스에서 물을 만나면, 한꺼번에 100~150ℓ의 물을 마실 수 있다(커다란 페트병에는 2ℓ의 물이 담겨 있다).

낙타가 오래도록 물 없이 사막에서 지내면 수분이 빠져나가 근육은 야위어지고, 혈관 속의 혈액은 진해진다. 그러면 적혈구가 모세혈관 속으로 지나가기 어렵게 된다. 다른 동물의 적혈구는 모두 도넛처럼 동그랗지만, 오직 낙타의 적혈구는 긴 타원형이어서, 좁아진 혈관 속을 잘 빠져나간다.

인류는 적어도 4,000년 이전부터 낙타와 함께 사막을 옮겨 다니며 살아 왔다. 현재 세계적으로 1,400만 두의 낙타를 사육하고 있으며, 대부분은 아프리카의 소말리아, 수단, 모리타니 인근 지역에 있다. 낙타의 수명은 40~45년이다.

3-11. 물에 녹지 않는 쌀, 두부, 생선, 소고기

물이라든가 알코올과 같은 물질은 분자를 구성하는 원자의 수가 수백 개 이하로 적어 '저분자 화합물'이라 한다. 반면에 생물체의 몸을 구성하는 전분이라든가 지방질, 단백질, 섬유질을 비롯하여 합성섬유 등은 수많은 원자들이 모여 하나의 분자를 이루기 때문에 '고분자화합물'이라 한다.

고분자화합물은 물에 잘 녹지 않는 성질을 가졌다. 포도당이나 설탕은 저분자 탄수화물이므로 물에 녹는다. 그러나 전분은 고분자 상태이므로 녹지 않는다. 물에 녹지 못하는 전분이라도 뜨거운 물에서 끓이면, 작은 분자로 깨어져 '전분 풀'이라고 부

르는 끈끈한 액체로 된다. 전분 풀은 창호지를 바를 때나 빨래
에 풀을 먹일 때 사용한다.

많은 것을 녹이는 물이지만, 생물의 몸을 구성하는 고분자
물질은 녹이지 못한다. 만일 인체를 구성하는 근육이라든가 뼈,
지방층 등이 물에 녹는다면, 몸의 형태를 유지하지 못해 생존
할 수 없게 될 것이다. 또한 인체의 소화기관은 고체 상태로
있는 전분, 지방질, 단백질을 그대로는 흡수하지 못한다. 그러
나, 이들 영양소에 소화효소가 작용하면 크기가 작은 분자로
분해되어, 물에 녹으므로 장은 흡수할 수 있게 된다.

예외로, 계란의 흰자는 단백질인데도 투명한 액체 상태로 물
에 녹아 있다. 그 이유는 계란 흰자가 '알부민'이라 부르는 단
백질이지만, 단백질 중에 분자의 크기가 가장 작기 때문에 물
에 녹을 수 있다. 그런데 이 알부민도 열을 주면 흰색으로 굳
어서 물에 녹지 않는 상태로 변한다.

제 **4** 장

물은 지구의 조각가

빗방울은 하천을 이루어 흘러내리면서 산을 깎아내리고 깊은
골짜기를 만들며, 단단한 바위와 대지를 침식하고, 물줄기를
바꾸면서 흙과 돌을 멀리 운반한다. 바닷가에 밀려드는 격랑은
해안선을 끊임없이 두드려 기묘한 절벽과 다양한 해안을
만들면서 대륙의 모습을 변화시킨다. 이처럼 물은 태곳적부터
지구의 표면을 온갖 모습으로 조각해왔다.

4-1. 물이 조각한 협곡

세계에서 가장 규모가 큰 미국 애리조나 주의 대협곡 '그랜드캐니언'을 처음 찾아간 사람들은 협곡의 장대한 규모에 압도당해 놀라고 만다. 더구나 낭떠러지가 시작되는 곳에서 2~3m만 떨어져도 보이지 않는 곳에서, 그토록 깊은 절벽이 직하로 시작된다는 것을 발견하고는 더욱 놀란다. 협곡은 최고 깊이가 1,830m, 폭은 6~29km, 총 길이 446km에 이른다. 이러한 그랜드캐니언은 600만년 동안 협곡을 흐른 콜로라도 강이 만들어낸 것이다.

이와 같이 물은 웅대한 지형을 만들었을 뿐 아니라, 빙하는 노르웨이와 그린란드 및 알래스카 등지의 해안에서 보는 깊고 구불구불한 피오르드(협만) 지형도 만들어 왔다. 이처럼 물이

그랜드캐니언에 새로 설치한 바닥이 유리로 된 전망대. 이곳에서 1,200m 아래에 콜로라도 강이 흐른다.

지형을 바꾸는 데는 물의 물리적 화학적 성질이 동시에 작용했다. 바위의 균열과 틈새로 들어간 물은 동결과 동시에 그 팽창력으로 바위를 가루로 만들었으며, 액체 상태의 물은 단단한 대지를 깎아 골자기를 만들고, 석회 동굴을 조각하기도 했다.

작은 빗방울 하나도 엄청난 위력을 가졌다. 강물은 계곡과 절벽을 만들기도 하지만, 풍화된 고체를 하류(下流)로 운반하여 다른 장소에 모으는 역할을 했다. 직진하기도 하고 구불거리며 흘러온 강물은 평야를 만들고 하구에 광활한 삼각주 평야도 형성했다.

4-2. 강은 대지의 동맥

고공에서 지상을 내려다보면, 하천의 지류들이 마치 혈관처럼 뻗어 있다. 큰 강줄기는 동맥처럼 보이며, 동맥을 이루는 강

세계에서 두 번째로 긴(약 16,300km) 강인 아마존 강은 페루의 안데스 고원으로부터 브라질을 거쳐 대서양으로 흐른다. 아마존 강은 세계 모든 강물의 15%가 담긴 최대의 강이다.

은 흘러가는 곳마다 그 일대에 영양분과 산소를 용해한 물과 토양을 공급하여 온갖 생명체와 인간이 생존할 수 있도록 한다. 모든 강에는 물고기들이 번성하고 있으며, 그 강변에는 온갖 동물들이 찾아와 갈증을 해결하고 있다.

지상에 떨어진 빗방울은 개울이 되어 흐르다가 차츰 긴 강이 되어 바다에 이른다. 강들은 산과 들과 숲과 사막을 지난다. 강은 주변에 부드럽고 비옥(肥沃)한 평야를 만들어 인류에게는 농사를 하며 살 터전을 제공했다. 인류 문화가 시작된 곳은 모두 이러한 강이 흐르는 곳이다.

강물은 상류의 흙과 모래를 하류로 운반하여 엄청난 양을 곳곳에 퇴적해놓았다. 한국의 서울과 부산, 인천, 대구 같은 대도시의 건물과 도로와 교량은 모두 한강과 낙동강이 퇴적한 모래와 자갈로 만든 것이다. 만일 강이 없었더라면 모래를 구하기 어려워 대도시 건설이 힘들었을 것이다. 이런 현상은 세계 어디서나 마찬가지이다.

4-3. 강물은 왜 구불구불 사행(蛇行)하는가?

하늘에서 내려다보면 강은 끝없이 구불거리며 사행을 한다. 지구상에서 자연적으로 흐르는 하천이라면 그 어떤 곳에서도 강폭의 10배 이상 거리를 직선으로 흐르는 곳이 없다. 일반적으로 강은 강폭의 5~7배 거리마다 원호를 그리며 흐른다. 그러므로 폭이 30m인 강이 2km를 흐른다면 그 사이에 5~7번은 구불거리고 있다. 이러한 현상은 산골 계곡에서도 볼 수 있으며, 바닷가에서는 조수(潮水)가 밀려나간 개펄의 수로와 물 자국에서도 관찰할 수 있다.

강물이 구불구불 돌며 사행하는 이유는 흐르는 물이 가진 복

예로부터 인류는 배를 만들어 강물에 띄우고 훌륭한 수송과 교통로로 이용해왔다. 캐나다와 아마존과 같은 삼림지대에서는 지금도 벌채한 목재를 강물에 실어 하류 해안까지 운반하고 있다. 물은 일정 기간 동안 목재를 잘 보존하므로, 강과 호수는 목재의 저장고로 이용되기도 한다.

잡한 물리법칙과 지형의 차이 때문이다. 수도호스나 소방호스 속으로 강하게 흐르는 물도 호스를 꿈틀꿈틀 뒤틀며 나온다. 이것은 간단히 실험해보아도 알 수 있다.

지난날 도시나 국토를 개발할 때, 구불거리는 강이 있으면 직선으로 흐르도록 만들었다. 그러나 오늘날에 와서는 물의 이러한 성질을 알고, 되도록 자연의 강이 만든 곡선을 따라 흐르도록 개발하고 있다.

4-4. 세계의 거대 폭포들

지구의 표면 모습을 변형시키는 최고의 조각가는 강물이다. 고공에서 지상을 내려다보면 온통 산과 그 사이를 혈관처럼 흐

르는 것이 강들이다. 특히 계곡이나 강의 흐름이 급류를 이루
거나 폭포를 이루면, 심한 침식작용을 일으키게 된다.

미국과 캐나다 국경에 있는 나이아가라 폭포에는 해마다 100
만 명이 넘는 관광객이 전 세계로부터 찾아오고 있다. 이 폭포
는 가장 높은 낙차가 약 55m에 불과하지만, 쏟아지는 평균 수
량이 세계 최대 규모여서, 장관(壯觀)을 이루기 때문에 가장 유
명한 폭포가 되었다.

이 폭포는 약 1만 년 전에 생겨났고, 출현 이후 폭포를 이루
는 절벽은 점점 침식되어 처음보다 11km 정도 상류로 밀려갔
다고 추정하고 있다. 또한 앞으로 2만 3,000년 정도 지나면 침
식이 계속되어 폭포는 이리호(5대호의 하나) 속으로 사라질 것

북아메리카의 5대호 중 하나인 이리(Erie) 호의 물이 나이아가라 폭포에서 떨어지
고 나면 온타리오(Ontario) 호로 흘러들어간다. 나이아가라 폭포는 높이가 55m에
불과하지만, 쏟아지는 물의 규모가 가장 큰 폭포이다. 폭포는 바위 절벽을 침식하
면서 대자연의 장관을 조각한다.

빅토리아 폭포는 높이 100m, 폭 1,600m에 이르는 거대한 폭포수 커튼을 이루며 떨어지는 세계 최대 규모이다.

으로 보고 있다.

아프리카의 잠비아와 짐바브웨 두 나라를 가르는 잠베지 강에 있는 빅토리아 폭포는 규모에서 나이아가라 폭포를 능가한다. 폭이 약 1.7km이고 최대 낙차가 108m인 빅토리아 폭포는 비가 내려 물이 많은 계절이 오면 나이아가라 폭포가 최대 수량(1초당 약 6,800톤)일 때보다 약 2배(1초당 약 12,000톤)나 많은 물이 흐른다. 이 물의 양은 이과수 폭포의 최대 수량과 거의 비슷하다.

브라질과 아르헨티나 국경에 있는 이과수(Iguazu) 폭포는 폭이 2.7km나 되는 최대 규모 폭포로 유명하다. 이 폭포의 높이는 최고 82m이고, 평균 높이는 64m이다. 지난 2006년 7월에는 이상 가뭄으로 수량이 매우 줄어 1초당 300톤 정도만 흐른 적

폭이 2.7km에 이르는 이과수 폭포는 275개의 크고 작은 폭포로 이루어져 있다.
이 폭포의 최고 낙차는 약 82m이다.

이 있다. 이러한 수량은 예년의 5분의 1에 지나지 않는다.

세계에서 가장 높은 폭포는 베네수엘라 남부에 있는 거대한

베네주엘라에 있는 살토 엔젤 폭포는
높이가 1,114m에 이르는 세계 최고 폭
포이다. 이 폭포의 물은 도중에 상당량
이 증발하여 바닥에 떨어졌을 때는 수
량이 줄기도 한다.

대지(臺地 plateau)에서 낙하하
는 높이 약 1,100m의 살토엔
젤(Salto Angel) 폭포이다. 이
폭포에서 떨어지는 물방울은
낙하하는 도중에 대부분 증
발해버릴 정도이다.

암석은 화성암, 퇴적암(수
성암), 변성암 3가지로 크게
나눈다. 이 가운데 퇴적암은
거의 대부분 물이 흙과 모래
를 퇴적하여 만든 것이다.

4-5. 세계의 특별한 거대 담수호

대륙 전체에 산재하고 있는 호수는 전 지구에 있는 담수 자원의 겨우 0.27%를 담고 있다. 그러면서도 호수는 지구상의 생명체와 환경에 엄청난 영향을 미치며, 수많은 사람들은 그 호수 주변에 집을 마련하고 아름다움을 만끽하며 물과 연관된 온갖 레저를 즐기고 있다.

호수는 두 종류로 나눌 수 있다. 하나는 자연적으로 생겨났으며, 대부분의 경우 강이 연결되어 있는 호수(lake)이고, 다른 하나는 물을 저장하기 위해 인공적으로 만든 연못 등의 저수지(pond)이다. 대형 호수는 마치 바다처럼 수심이 깊기 때문에 주변 환경에 미치는 영향이 커서, 기온이라든가 눈비가 오는데

바이칼 호에는 약 330개의 크고 작은 하천이 흘러든다. 그러나 이 호수의 물이 흘러나가는 강은 앙가라 강(Angara River) 하나뿐이다. 1960년대 말, 호수 주변에 제지공장 등이 생겨난 이후, 폐수오염이 심각해지자 최근 공장을 폐쇄할 준비를 하고 있다. 겨울이 오면 이 호수는 두꺼운 얼음으로 덮이므로, 교통표시판을 설치하고 트럭이 다니는 빙상도로로 변하기도 한다. 사진은 바이칼 호의 한 휴양지 선착장이다.

큰 영향을 주기도 한다.

　세계 대륙에는 특별히 큰 담수호가 몇 개 있다. 그 가운데 가장 큰 북아메리카 대륙의 5대호는 전 지구상의 담수를 약 20% 담고 있으며. 호수의 전체 면적은 우리나라보다 더 넓은 약 24만 4,000km^{2}에 이른다. 두 번째 큰 호수는 아프리카의 빅토리아 호수이다. 이 호수 주변은 탄자니아, 우간다 그리고 케냐가 둘러싸고 있다.

　세 번째 큰 호수는 가장 물이 맑기로 유명한 러시아에 있는 바이칼(Baikal) 호수이다. 이 호수의 표면적은 3만 1,500km^{2}이지만, 최고 수심이 1,637m에 이르기 때문에, 그 속에 담긴 담수의 양은 5대호의 수량과 맞먹는다. 바이칼 호는 약 2,500~3,000만 년 전에 생긴 가장 오래된 호수이며, 여기에는 1,800여종의 다양한 동식물이 살고 있다. 흥미로운 것은 이 호수에 사는 생물

빙하의 얼음은 고체이므로 흐를 수 없다고 생각된다. 그러나 빙하의 얼음은 매우 두꺼우므로, 그 밑바닥 부분은 높은 압력을 받는다. 얼음의 분자는 압력을 받으면 변형되어 물이 된다. 그러면 물이 윤활유 역할을 하여 빙하 전체가 흐를 수 있게 된다. 이런 현상은 겨울에 얼음이 덮인 호수 위에 던져둔 돌이 조금씩 얼음 속으로 파고들어가는 것으로도 알 수 있다.

종류는 3분의 2가 이곳에만 사는 것들이다. 그래서 육지의 '갈
라파고스 섬'이라는 명칭을 얻고 있다.

남아메리카의 갈라파고스 섬은 육지와 멀리 떨어져 있어, 근
처 대륙의 생물과 매우 다른 독특한 동식물이 진화하여 살고
있기로 유명하다. 찰스 다윈은 이 섬을 탐험한 뒤 진화론에 대
해 더욱 확신을 갖게 되었다.

4-6. 빙하는 왜 생겨났나?

지구 온난화 현상으로 남북극의 얼음과 빙하가 녹아내리고
있다고 연일 보도되고 있다. 지구 표면의 약 20%는 언제나 얼
어 있는 영구동토이다. 그리고 지구 표면적의 약 10.4%(1,560만
km^2)는 얼음판과 빙하, 만년설 등으로 덮여 있다. 북극이나 남
극의 바다 위에 있는 얼음은 그 결정 속에 소금기가 들어가지
못하므로 모두 민물이다. 바다 얼음의 민물 양은 전 세계 바닷
물 양의 약 2.5%를 차지한다.

남극이나 북극, 그리고 만년설을 볼 수 있는 고산에 내린 눈
은 잘 녹지 않음으로 새로 내린 눈이 차곡차곡 쌓인다. 아래에
깔린 눈은 단단한 얼음 덩어리가 되어 수천 년이 지나도록 그
대로 있다. 얼음덩이의 두께와 무게가 무거워지면, 전체가 매우
느린 속도로 경사를 따라 얼음의 강, '빙하'(氷河)가 되어 이동
하게 된다. 빙하는 우리나라의 산에서는 볼 수 없지만, 남북극
가까운 지역과 해발(海拔) 4,000m를 넘는 고산지대에서는 흔히
볼 수 있다. 이런 빙하는 경사가 심한 곳은 다소 빨리 이동하
지만, 대개 1년에 300m 정도 흘러내리고 있다.

고지의 빙하가 고도가 낮은 아래로 내려오면 기온이 높으므
로 일부 녹게 된다. 빙하가 녹지 않은 상태로 해안까지 도달하

일반적으로 남극에서 생겨난 빙산이 더 크다. 어떤 것은 길이가 8km에 이르기도 한다. 북극 바다의 빙산은 거의 북위 55도 이상에서만 볼 수 있다. 그러나 1912년 북대서양에서 일어난 타이타닉호의 빙산 충돌사고는 북위 42도 위치(로마의 위도와 같음)에서 발생했다.

면 바닷물 속으로 밀려들어가게 되는데, 그곳에서 빙하의 절벽은 깨어져 바닷물에 잠기면서 빙산(氷山)이 되어 해류나 바람에 밀려 이동하게 된다. 남극대륙은 매우 두껍게 빙하가 덮여 있으며, 그곳의 평균 얼음 두께는 약 2,200m인데, 가장 두꺼운 곳은 두께가 약 4,800m나 된다.

빙하가 바다에 도달하면 깨어져 해류에 밀려다니는 빙산이 된다. 남극이나 북극 바다에는 이런 빙산이 많이 떠 있어 근처를 항해하는 선박은 늘 경계를 한다. 빙산의 위험이 있는 바다에서는 어느 곳에 어떤 규모의 빙산이 있는지 빙산예보도 한다.

빙하는 수백 년에 걸쳐 흐르면서 밑바닥과 주변의 암석을 잘게 부수어 이동시키기도 한다. 지구 표면의 가루가 된 많은 암석과 흙은 오랜 기간 빙하의 작용에 의해 생겨나기도 했다.

4-7. 빙하시대는 언제인가

현재 지구 표면의 약 10.4%는 얼음으로 덮여 있다. 얼음이
덮인 곳은 주로 남극과 북극 가까운 지역이지만 해발(海拔)
4,000m를 넘는 고산지대도 눈과 얼음이 쌓인다. 지구는 긴 역
사 속에서 불규칙하게 넓은 지역이 얼음으로 덮인 매우 추운
시대(빙하시대)를 몇 차례 지내왔다. 지구가 빙하시대를 맞으면
동식물이 살 수 있는 지역이 줄어든다.

과거에 왜 빙하시대가 있었는지 그 이유는 과학자들이 확실
히 알지 못한다. 아마도 태양의 둘레를 도는 지구의 궤도가 조
금 변하지 않았을까 하고 생각한다. 지금으로부터 가장 가까웠
던 빙하시대는 약 200만 년 전에 시작되어 1만 1,000년 전까지

빙하가 바닷가까지 밀려와 절벽을 이루고 있다. 빙하학자들은 빙하를 조사하여 화석을
발견하기도 하고, 깊은 빙하에 유정(油井)처럼 구멍을 뚫어 그곳의 얼음을 조사하는 방
법으로 과거의 기후라든가 환경 등을 연구한다.

계속되었다. 지질학자들은 이 시기를 '대빙하시대'라고 말하는데, 이때는 지구 표면의 약 27%가 얼음으로 덮여 있었다고 추정한다.

빙하시대를 맞아 넓은 대륙에 많은 얼음이 높게 쌓이면, 바다의 물은 증발하여 눈과 얼음이 되었기 때문에 해수면이 쑥 내려간다. 과학자들의 추정에 따르면, 지난 대빙하시대에는 바다의 수면이 지금보다 약 100m 이상 낮았을 것이라고 한다. 그럴 때의 세계지도는 지금과 아주 다를 것이다. 빙하시대에는 해수면을 상승시키는 '지구온난화'와 반대 현상이 나타난 것이다.

빙하시대에는 무거운 얼음 층으로 덮인 땅이 꺼져 내리는 지각변동도 곳곳에서 일어났다. 반대로 빙하시대가 끝나면 가라앉았던 땅이 다시 솟아나기도 했다.

빙하학자들의 연구에 의하면, 최근의 빙하시대는 약 258만 년 전에 시작되었고, 지금은 그 빙하기의 끝에 가까운 때라고

과학자들은 지난 수천만 년 동안에 여러 차례 빙하시대가 있었던 증거들을 발견했다. 빙하시대에는 지구의 평균 기온이 지금보다 훨씬 낮아, 지구 표면은 온통 얼음으로 뒤덮였다. 사진은 남아메리카 끝에 있는 파타고니아의 빙하이다.

생각한다. 또한 과거에 빙하기가 끝나게 된 이유의 하나는, 화산이 심하게 분출하여 이산화탄소가 많이 배출된 결과 온실효과가 발생하여 기온이 오르게 된 때문인지 모른다는 생각도 하고 있다.

빙하기에는 지구에 사는 녹색식물도 적고, 비도 조금 내렸으므로 황량한 대륙이었다. 빙하기와 빙하기 사이의 시기를 '간빙기'라고 한다. 일부 빙하학자들은 다음 빙하기는 지금으로부터 약 5만 년 후에 시작될 것이라고 추정도 한다. 그러나 오늘의 지구는 지금 살고 있는 인류 때문에 온난화가 진행되고 있어, 미래의 기상을 예측하기가 어려워 보인다.

4-8. 남극 대륙을 덮은 얼음

지구의 최남단과 최북단인 남극과 북극은 지구상에서 가장 기후가 혹독한 곳이다. 이곳에 겨울이 오면 6개월 동안 완전히 얼어붙는 어둠의 밤이 계속된다. 남극의 평균 기온은 영하 섭씨 50도이고, 1983년 6월 어느 날에는 영하 89.4도까지 내려갔다.

이처럼 가혹한 환경을 가진 남북극을 인간의 힘만으로 정복하려는 노력이 100여 년 전에 여러 탐험가들에 의해 시도되었다. 드디어 1909에는 미국의 로버트 피어리(Robert Edwin Peary)가 북극점에, 그리고 1911년에는 노르웨이의 로알드 아문센(Roald Amundsen)이 남극점에 처음으로 도달하는 데 성공했다.

남극에는 두터운 얼음판 아래에 거대한 대륙이 있다. 남극대륙은 지구에서 가장 춥고, 가장 건조하며(연중 평균 강수량 200mm 정도), 가장 강한 바람이 부는 곳이다. 또한 남극대륙은 지구상에서 가장 고도가 높은 대륙이기도 하다. 반면에 북극은 대륙이 없는 바다(북극해)이다. 북극에 가장 가까운 육지는 그

쇄빙선의 선수(船首)는 매우 단단한 특수강으로 두껍게 만들며 이중으로 되어 있다. 쇄빙선의 선수는 뾰족하지 않고 둥그렇다. 이 배는 선수가 얼음판 위로 올라가 무거운 배 무게로 얼음판을 눌러 깨도록 되어 있다.

린란드와 러시아, 캐나다 북부이다.

남극대륙의 경우, 대륙을 덮고 있는 얼음판의 평균 두께는 약 1,600m이며, 어떤 곳은 4,000m에 가깝다. 이러한 얼음판은 너무나 무거워 천천히 바다 쪽으로 밀려가고 있다. 남극대륙 해안에는 두터운 절벽 얼음판이 가로 190km, 세로 95km 길이로 뻗어 나온 곳도 있다.

빙하나 남극의 얼음판이 해안에 도달하면, 그곳에서 녹으면서 크고 작은 조각으로 깨져 바다에 흩어지게 된다. 이것이 남북극 바다에 떠다니는 빙산(氷山)이다. 이러한 '빙하 분리'(calving)는 주로 봄과 여름에 일어난다. 큰 빙산은 근처를 지나가는 선박과 충돌할 수 있으므로, 오늘날에는 남북극 바다에 떠 있는 위험한 빙산들의 위치를 인공위성을 통해 조사하여 알려주고 있다.

남북극 바다에는 빙산만 얼음 상태로 있는 것이 아니다. 바닷물도 섭씨 영하 1.8도 이하로 내려가면 언다. 그러므로 남북극 바다는 언제나 얼음판으로 덮여 있다. 겨울이 오면 얼음판의 두께는 상당히 두꺼워지고, 그때의 남북극 바다 얼음판의 넓이는 캐나다 국토 면적의 2배 가까이 된다. 그러다가 여름이 오면, 이 얼음판의 상당부

고산 등반가들이 조심하는 것의 하나가 빙산이 갈라진 크레바스이다. 크레바스가 눈으로 덮이면 그 존재를 알지 못한다. 크레바스 속에는 거대한 얼음 동굴이 생기기도 한다.

분은 녹으면서 조각이 나서 온 바다에 흩어진다.

　얼음판을 깨고 가는 쇄빙선은 얼어붙은 바다를 지나갈 때 사용하도록 만든 것이다. 북극해 근처 나라에서는 쇄빙선이 꼭 필요하다. 2007년 러시아는 원자력으로 운행하는 세계 최대 쇄빙선을 건조했다.

4-9. 빙하가 너무 녹으면 재앙

과학자들의 연구에 의하면, 약 2만 년 전의 바다 수면은 지금보다 90~120m나 낮았을 것이라고 한다. 당시는 대륙 대부분을 빙하가 뒤덮었던 빙하시대였기 때문이다. 지구 역사상 여러 차례 빙하기가 있었다. 빙하시대의 지구 모습은 거대한 눈덩이처럼 보였을 것이다. 그러나 어떤 이유 때문인지(아마도 대규모 지각변화로 화산폭발이 심하게 일어나 이산화탄소의 양이 증가하여 온실효과가 심해졌을 수도 있다) 빙하기가 끝나가자, 거대한 얼음덩이는 얼기와 녹기를 수천 번 계속하면서 차츰 남북극 쪽으로 후퇴하게 되었고, 그때마다 지형에 엄청난 변화를 일으켰다.

빙하가 밀려 내려온 그린란드의 해변. 과거 빙하시대에는 대부분의 육지가 빙하로 뒤덮여 있었다. 지구온난화는 지구의 기후를 어떻게 변화시켜 어떤 재앙을 가져올 것인지 중요한 숙제이다.

과거에 빙하가 흘러내리면서 침식하여 밀고 내려온 돌무더기가 좌우로 보인다. 오늘날 우리가 보는 지구의 모습은 바람의 힘을 얼마큼 빌리기는 했으나 대부분은 물의 작용에 의해 만들어진 것이다.

오늘의 빙하는 지구 표면의 약 10분의 1을 덮고 있다. 이 빙하가 간직하고 있는 담수의 양은 지구가 가진 담수의 70%를 넘는다. 남극을 덮고 있는 빙하의 물만 해도 지중해의 물보다 더 많은 양이다. 빙하는 겨울이면 얼어붙고 여름이 오면 녹기를 반복한다.

규모가 대륙처럼 큰 빙하는 남극과 그린란드에서 볼 수 있다. 이 두 곳에 있는 빙하의 물은 그 양이 막대하다. 만일 그린란드의 빙하가 모두 녹아 바다로 들어간다면, 전 세계의 바다 수위가 약 6m 높아진다. 그리고 만일 남극의 빙하가 녹는다면 바다는 지금보다 65m나 올라가고 만다.

지구온난화가 계속되어 남북극의 빙하가 대규모로 녹아 바다의 수면이 높아진다면, 해안 저지대가 수몰되어 세계 지도는 훨씬 좁아든 대륙을 보여줄 것이다. 뿐만 아니라 지구상에는 상상하기 어려운 재앙이 닥칠 것이 염려된다(제8장 참조).

빙하지역에 여름이 오면, 빙하가 녹은 물 일부는 골짜기의 호수로 흘러든다. 빙하의 물로 채워진 빙하 호수는 공해로부터 먼 위치에 있기 때문에 청록색이 비치는 맑은 물을 담고 있다. 빙하호는 수온이 낮기 때문에 수중에 사는 미생물이 극히 적다. 따라서 고산 높은 곳에 형성된 빙하호는 어디나 세계의 관광지가 될 만큼 경관이 아름답다.

남극의 연구기지에서 러시아의 과학자들은 지난 1998년 3,623m 깊이까지 빙하를 10cm 직경으로 파냈다. 이것은 빙하를 가장 깊이 판 기록이다. 이때 파낸 빙하 샘플에는 42만년 동안의 지구 기후에 대한 정보가 담겨 있었다. 이때 과학자들은 약 1만 1,000년 전에 지구의 기온이 섭씨 15도 정도 갑자기 높아진 사실을 발견하기도 했다.

4-10. 빙하가 만든 절경 '피오르드'

고산 계곡에 형성된 거대한 빙하는 지구의 중력을 이기지 못하여 매우 느리게 흘러내린다. 이때 빙하 전체는 마치 거대한 컨베이어벨트처럼 되어 산비탈과 밑바닥의 암석 따위를 함께 끌어안고 이동한다.

지도에서 노르웨이 해안을 보면 깊은 골짜기가 가득하다. 이곳은 수백만 년에 걸쳐 빙하에 의한 침식이 계속되면서, 해안 전체가 V자 모양으로 깊게 파여 수십km나 되는 골짜기를 이룬 곳이다. 이런 지형을 '협만' 또는 '피오르드'(fjord)라고도 하는데, 이 말은 노르웨이 언어이다. 절경을 이루는 피오르드는 산들이 거의 수직으로 깎여 있으며, 수심이 수백 미터나 되기도

빙하는 수백만 년 동안 육지를 침식하며 바다로 흘러들었다. 그때 해변 육지에는 깊은 골짜기 '피오르드'가 만들어졌다. 오늘날 웅장한 규모의 아름다운 피오르드는 관광지가 되어 있다.

한다. 유람선을 타고 피오르드를 관광하면, 골짜기로 들어가면서 좌우 절벽에서 떨어지는 수많은 폭포들도 보게 된다. 피오르드 지형은 남북극에 가까운 알래스카, 그린란드, 러시아, 캐나다, 뉴질랜드 등에서 볼 수 있다.

4-11. 자연 분수(噴水)는 왜 생기나?

지하수는 중력에 끌려 아래로 깊이 이동한다. 그러나 물이 빠져나갈 수 없는 지층을 만나면 더 이상 내려가지 못하고 지하 호수에 머물거나, 지하수의 강이 되어 이동하게 된다. 이런 지하 호수나 강의 물은 중요한 수자원이다. 이집트와 수단이 경계하고 있는 다푸르(Darfur)에서는 거대한 지하 호수가 발견

지구상의 퇴적암은 약 10%가 석회암이다. 물은 탄산칼슘이 주성분인 석회암을 녹여 기묘한 모양의 종류석이 가득 드리워진 석회 동굴과 호수를 만든다.

되어, 오늘날 이 물을 양수하여 식수와 농업용수로 사용하고 있다.

지하수를 대량 머금고 있으며, 그 물이 유동하고 있는 지층을 '대수층'(帶水層)이라 부른다. 우물이란 대수층에서 물을 뽑아내는 것이다. 대수층은 사암(砂巖)이나 다공성(多孔性) 암석으로 이루어져 있다. 어떤 대수층의 우물에서는 펌프를 사용하지 않아도 물이 저절로 분수처럼 솟아나오기도 한다. 이런 우물을 자분천(自噴泉), 자분정(自噴井) 또는 용천(湧泉)이라 한다. 자분천(artesian)이 생기는 원인은 주변에 있는 대수층의 수압이 높게 작용하기 때문이다.

오스트레일리아 대륙 북부 지하에는 지구상에서 가장 수량이 많고 그 면적이 넓고 깊은 자분천이 있다. '그레이트 아르티전 베이슨'이라 불리는 이 자분천 지대는 전체 면적이 약 170만 km²에 이르고, 그 깊이는 평균 1,000m 정도이다. 이 일대에서

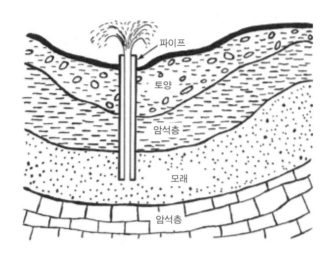

파이프

토양

암석층

모래

암석층

틈새가 많은 모래흙 지층에는 많은 지하수가 고인다. 그림과 같
은 지형에 우물을 파면, 지하수가 분수처럼 솟는다.

는 구멍만 뚫으면 지하수가 분수처럼 솟아나온다. 그 동안 수
천 개의 우물에서 너무 많은 물을 뽑아내자 말라버리는 우물이
늘어나고 있다. 그래서 지금은 정부가 우물 관리를 통제하고
있다. 사막지대에서는 대수층의 지하수를 이용하여 생활용수와
농업용수 등으로 사용한다.

　일반적으로 지하수는 여름에는 매우 차고, 겨울에는 따뜻하
게 느껴진다. 이것은 열을 잘 보존하는 물의 성질과, 흙과 암석
이 가진 훌륭한 보온작용 때문에 물의 온도가 연중 비슷하게
유지되기 때문이다. 어떤 곳의 지하수는 수온이 섭씨 10~15도
정도로 낮다. 온실이나 비닐하우스에서는 이런 지하수를 양수
하여 분무하는 방법으로, 여름에는 온실 내부의 온도를 냉각시
키고, 겨울에는 보온하고 있다.

　지하수가 지열에 의해 뜨거워지면 온천수가 된다. 어떤 곳에
서는 온천수가 고압의 수증기를 뿜으며 분수처럼 솟아오르는

간헐천이 있는 지역은 화산지대와 인접하고 있으며, 지구상에
두 세 곳뿐이다. 옐로스톤 국립공원에는 300개가 넘는 간헐천
과 수많은 온천이 있다.

데, 이를 간헐천(間歇川 geyser)이라 부른다. 미국 옐로스톤 국립
공원의 간헐천은 가장 유명하며, 이곳의 수많은 간헐천들 중에
는 약 4시간 간격으로 최고 60m나 끓는 물을 뿜어 올리는 것
이 있다.

제 5 장

수자원水資源과
수산자원水産資源의 위기

마실 수 있는 물은 '음료수' 또는 '먹는 물'이라 부른다. 먹지
못하는 물일지라도 증류하거나, 여과하거나, 끓이거나,
약품처리를 하면 음료수가 될 수 있다. 인간이 먹고, 농사를
짓고, 공장을 가동하고, 물놀이를 하는데 사용하는 물을
'수자원'이라 한다. 인류는 물에서 물고기와 각종 해산물과 소금
등의 수산자원을 막대한 양 얻고 있다. 오늘날 세계 여러 나라는
인구 증가와 환경 파괴로 인한 수자원의 부족과 수산자원의
감소 때문에 심각한 물 분쟁을 일으키고 있다.
커다란 바퀴 사이의 축을 이룬 긴 파이프에서 물이 살수되도록
만든 관수장치(irrigator)이다. 관수장치의 바퀴가 구르는 속도와
파이프에서 분사되는 수압 등은 자동 시스템으로 조정된다.

5-1. 수자원(水資源)은 어디에 사용되나?

인류가 사용하고 있는 석유, 석탄, 우라늄 등 대부분의 자원은 한 번 쓰고 나면 없어져 버린다. 또한 철이나 알루미늄, 구리와 같은 금속 자원은 재활용할 수 있기까지 오랜 시간이 걸리고, 상당 부분은 재활용하기가 어렵다. 그러나 물은 지구상에서 빠른 시간 내에 재순환하기 때문에 무궁하게 재활용할 수 있는 자원으로 취급되어 왔다.

물이 흔한 곳에서는 '돈을 물 쓰듯 한다'는 말을 한다. 때로 누군가가 '물 쓰듯 한다'는 말을 한다면, 그것은 '낭비한다'는 의미를 담고 있다. 그러나 물도 부족한 자원이라는 사실을 인식하게 되면서 '수자원'(水資源)이라는 말이 1950년대에 새롭게 생겨났다. 다행하게도 지금까지 한국은 물이 풍부한 나라였다. 그러나 21세기가 시작될 즈음부터 우리나라에서도 물을 함부로 낭비하는 사람은 점점 보기 어렵게 되었다.

쌀 1그램을 생산하려면 그것의 350배에 달하는 물이 필요하고, 신문지 1톤을 제조하려면 150톤의 물이 소요되며, 철은 생산량의 약 280배가 들고 있다. 휘발유를 생산하는 데도 25배 정도의 물이 소모되며, 화학섬유를 생산하는 데는 1,000~2,000배의 물을 쓰고 있다.

우리나라의 경우 수자원을 잘 보존하는 첫 번째 방법은, 여름에 비가 많이 내릴 때 그 물을 댐이나 저수지에 되도록 많이 가두어두는 것이다. 지금까지 우리나라는 빗물의 27% 정도를 댐과 저수지에 저장해두고 식수와 생활용수, 농업용수, 공업용수, 전력생산 등으로 이용하고 있으며, 사용한 물은 거의 대부분 그대로 바다로 흘려보냈다.

그러나 앞으로는 더 많은 빗물(강수)을 저장할 수 있는 시설

지구상의 물 대부분은 바다에 있지만, 인류가 살아가는데 필요한 물은 지하수와 소금기 없는 담수(淡水)이다. 물은 지구상에서 기상의 변화를 만들고, 토양의 침식과 운반과 퇴적 현상을 일으킨다.

을 갖추어야 하고, 쓰고 버리는 폐수까지 정화(淨化)하여 재사용토록 해야 하게 되었다. 생활방식의 개선과 산업의 발달, 수력발전량 증가 등으로 물의 소비가 크게 늘어난 이유도 있지만, 기후 변화에 의해 언제 극심한 가뭄이나 홍수를 겪어야 할지 예측하기 어렵기 때문이다.

5-2. 물 부족의 고통과 물 전쟁

세계에서 식수가 가장 부족한 곳은 북아프리카와 사우디아라비아가 있는 중동 지역이다. 반면에 물이 가장 풍부한 나라는 브라질이고, 두 번째는 러시아로 알려져 있다. 빙하가 뒤덮고 있는 그린란드와 같은 나라는 인구가 겨우 5만 7,000명에 불과하여 물이 풍족하다. 반면에 쿠웨이트, 바레인, 요르단과 같은 사막나라는 최악의 상황이다. 한편 좁은 영토에 많은 인구가 사는 싱가포르와 같은 나라는 식수가 매우 부족하다.

우리나라의 수자원은 거의 전부 하늘에서 내린 비로부터 공급받고 있다. 우리나라의 연평균 강수량(降水量)은 1,283mm인데, 여기에 국토 면적을 곱하면 수자원 총량이 나온다. 그런데 세계의 강수량 평균은 973mm이다. 평균보다 조금 많은 편이지만, 우리나라는 인구가 많아 강수량을 인구수로 나누면, 1인당 평균 3천 톤 정도이다. 이는 세계의 평균 약 3만 4,000톤에 비교하면 11%에 지나지 않는다. 그러므로 유엔에서는 싱가포르와 함께 우리나라도 수자원이 부족한 국가의 하나로 분류하고 있다.

또한 우리나라는 국토의 약 65%가 산악이기 때문에 하천이 급경사를 이루어, 비가 많이 내리면 대부분의 물은 바다로 흘러가버린다. 더구나 비는 여름철에 집중하여 내리고 있다. 그러므로 앞으로 우리의 강물 자원을 바다로 흘려보내지 않고 잘 이용하려면 모든 강의 수자원 개발과 관리를 위해 적극 노력해야 할 사정이다.

인류가 사용하는 물의 양은 해마다 엄청나게 늘어나고 있다. 우리가 화장실을 사용하고 한 번 내리는 물의 양은, 대부분의 아프리카인들이 온종일 마시고, 요리하고, 몸을 씻는 데 쓰는 물의 양에 해당한다. 수세식 화장실과 목욕실을 가지고 생활하는 산업화된 나라의 사람들은 가정에서만 해도 막대한 양의 물을 쓴다.

사람들은 가정에서 목욕을 하고, 화장실 변기를 씻어 내리고, 음식물과 그릇을 씻고, 세탁을 하고, 정원과 잔디밭에 물을 준

다. 만일 5분간 샤워를 한다면 약 90 ℓ 의 물을 쓰게 된다. 칫솔
질을 하는 3분 동안 수도꼭지를 틀어놓는다면, 그 사이에 7 ℓ
정도의 물을 낭비하게 된다,

　이렇게 많은 물을 가정에서 사용할 수 있도록 수돗물을 공급
하려면, 엄청난 양의 물을 저장하고, 정수하며, 길고 긴 수도관
을 관리해야 한다. 수돗물을 담당하는 정부기구에서는 안전한
물을 시민에게 공급하기 위해 온갖 방법으로 노력하고 있다.
그런데도 근년에 이르러 수많은 사람들이 수돗물을 불신하여,
정수기에서 뽑은 물만을 마시거나, 생수 등을 사서 들이키고
있다.

　문명이 시작된 이래 인류는 충분한 물을 확보하기 위해 심지
어 전쟁을 치르기도 했다. 오늘날에도 많은 나라들은 수자원이

물이 없으면 어떤 생명체도 살아갈 수 없다. 오늘의 인류는 인류 자신만 아니라,
지구상에서 살아가는 모든 생물이 함께 살아갈 수 있도록 수자원을 관리해가야
한다.

부족하여 이웃 나라로부터 물을 구하고 있다. 이런 경우에는
두 나라 사이에 물 분쟁이 나기도 한다.

5-3. 수자원 위기는 어느 정도인가?

다음 사항들은 현재 지구가 물의 위기를 맞고 있는 이유를
말해준다.

1. 오늘날 전체 인구 5명 중 1명(적어도 10억 명)은 식수조차
부족한 환경에서 살고 있다.

2. 전체 인구 2명 중 1명은(적어도 25억 명) 위생적으로 안전
하지 못한, 심각하게 오염된 물을 식수로 사용하고 있어, 수인
성(水因性) 질병에 위협받고 있다. 가난한 나라에서 유아들이
사망하는 가장 큰 원인은 수인성 질병이다.

지구(地球)의 표면은 71%가 바다로 덮여 있고, 거기에 지구의 물 97.2%가 담
겨 있다. 이런 지구이기에, 수구(水球 hydrosphere)라고 부르기도 한다.

3. 건조한 나라에서는 지하수를 계속 퍼내어 농사를 지은 결과, 토질이 '염분토'(鹽分土)로 변해 농작물의 수확량이 크게 감소했으며, 사막의 규모는 더욱 커지고, 지하수위가 내려가자 지반(地盤)까지 침하하고 있다(뉴멕시코, 방콕, 베니스 등).

4. 강과 호수, 늪지, 바다가 오염되면서 그 속에 사는 동식물이 감소하는 동시에 멸종해가고 있다.

5. 물이 부족해지자, 이웃 국가 간에 분쟁이 심각해지고 있다.

6. 지구의 기온 상승으로 지역에 따라 가뭄은 더욱 심해지고, 어떤 곳에서는 홍수의 규모가 더욱 커지고 있다.

5-4. 물이 부족한 나라와 인구

세계적으로 약 5억 이상의 인구는 깨끗한 물이 없는 곳에서 살고 있고, 약 10억의 인구는 위생처리가 안 된 물을 마시고 산다. 세계보건기구의 발표에 의하면, 해마다 약 500만 명이 오염된 물 탓으로 생명을 잃고 있으며, 매년 140만 명의 어린이가 설사 등으로 죽고 있다고 추정하고 있다. 아무튼 현재로서 세계 인구의 약 3분의 1은 식수조차 심각하게 부족한 환경에서 살고 있다.

2009년 현재의 세계 인구는 약 65억이다. 그 가운데 인구가 가장 많은 나라는 중국(13억)과 인도(12억)이다. 앞으로 30~40년이 지나면 세계 인구는 80~90억으로 불어날 전망이다. 이 두 나라는 국토가 넓기도 하지만 많은 땅이 사막이고 또 산악지대이다. 중국과 인도 두 나라가 접경하는 곳에 지상에서 가장 큰 산맥인 히말라야 산맥이 있다. 이 산맥의 빙하는 엄청난 물을 저장해두고 중국과 인도로 흘려보내주고 있다.

2050년이 되면 이 산맥 주변에 세계 인구의 절반이 넘는 40억의 인구가 살게 될 것으로 전망하고 있다. 만일 히말라야 산맥이 없었더라면, 중국과 인도 및 메소포타미아 지방에 이토록 많은 인구가 살 수 없었을 것이다. 나아가 기후 변화에 의해 히말라야 산맥의 빙하가 줄어든다면, 물이 부족해져 그 많은 인구가 살아간다는 것 또한 불가능해질 것이다.

중국과 인도의 인구가 더 늘어나고 산업이 발달하면, 자연히 물의 사용량이 많아지고 동시에 환경 악화가 따르게 된다. 인구가 가장 많은 지역의 환경 악화는 그 나라만 아니라 세계의 재앙이 되고 만다. 오늘날 대부분의 중국인들은 수세식 화장실을 사용하지 않는 환경에 살고 있다. 그러나 앞으로 중국 인구가 모두 수세식 화장실을 쓰고 매일 목욕을 하게 된다면 물은 절대적으로 부족한 자원이 되고 만다.

인도양에서 발생한 습기를 가득 머금은 공기는 히말라야 산맥을 만나 비와 눈이 된다. 히말라야 산맥에서는 수많은 강이 발원하여 흘러내리고 있으므로, 중국과 인도 두 나라는 강을 개발하여 부족한 물을 공급하도록 계획하고 있다.

5-5. 가장 많은 사람이 사는 강

흰 눈과 빙하로 덮인 세계 최고 최대의 히말라야 산맥에서는 많은 강들이 발원하고 있다. 그 중에 갠지스 강은 최대의 하천으로서, 인도만 아니라 그 지류는 방글라데시를 지나 인도양의 벵골 만으로 들어간다. 이 강 주변에는 약 4억의 인구가 살고 있어 심각하게 오염되어 있다.

이 강은 히말라야 산맥의 강고트리 빙하를 수원으로 하여 산맥 아래의 평야까지는 1km를 흘러가는 동안 평균 23m의 낙차를 만들며 급류가 되어 흐른다. 그러나 산맥 아래의 평야에 도달하면, 이때부터 벵골 만 바다로 들어가기까지 총 길이 약

히말라야 산맥에서 발원한 갠지스 강은 네팔과 인도 및 방글라데시 3개 나라를 흐르며, 그 주변에는 약 4억의 인구가 살고 있다. 갠지스 강은 종교적으로 순례자와 입욕자(入浴者)까지 많은 강이다.

2,080km를 겨우 300m의 낙차로 매우 완만하게 흐르게 된다. 특히 갠지스 강의 하구 320km 구간의 삼각지대에서는 1km 당 평균 3cm의 낙차 밖에 없다. 그러므로 갠지스 강물은 급류를 이루는 상류에서는 맑지만, 평야에 이르면 황색 또는 갈색의 흙탕물이 되어 매우 느린 속도로 흐른다.

갠지스 강만큼 낙차 없이 천천히 흐르는 강은 세계에 드물다. 그러므로 갠지스 강을 따라서는 수력발전을 하거나 수자원을 저장하기 위해 댐을 건설할만한 곳이 없다. 반면에 산악지대인 상류는 급류가 흐르고 댐을 건설할 지형은 있지만, 도로를 낼 수 없을 정도로 지세가 험악하여 댐 공사를 하지 못한다. 그래서 갠지스 강은 끊임없이 홍수 피해를 입어야 하는 대하(大河)가 되어 있다.

5-6. 용수(用水)의 70%는 농업용

인류는 약 10,000만 년 전인 신석기시대부터 농작물을 재배하고 가축을 기르며 정주생활(定住生活)을 시작했다. 기원전 6세기경에 메소포타미아와 이집트에서는 수로를 만들어 물을 끌어다 밀과 보리농사를 지었다. 한편 중국의 왕들은 기원전 2,200년 전부터 강이나 호수로부터 물을 먼 곳까지 끌어오는 관개시설(灌漑施設)을 하도록 했다.

과학자들의 계산에 따르면, 한 사람이 하루 동안 먹는 식량을 들에서 생산하려면, 1,800~4,500 ℓ 정도의 물이 소비되는데, 이것은 개인이 매일 마셔야 하는 수량(水量)의 약 1,000배가 된다. 농업용수는 곡물이나 과수, 야채, 화훼만 아니고 목화라든가 고무나무의 재배 및 육림(育林), 그리고 가축 사육 등에 쓰인다.

경사지가 많은 곳에서는 계단 논을 일구어 벼를 재배해 왔다. 이런 경사지에서는 언제나 물 공급이 어려운 일이다.

오늘날 인류가 사용하는 담수의 약 70%는 농업용수이고, 나머지 30%가 산업용수와 생활용수로 이용된다. 특히 저개발 농업국가에서는 80%를 농업에 사용하고 있다. 물론 농업용수의 양은 그 지역에 내리는 강수량에 따라서도 차이가 있다.

세계 인구의 증가에 따라 농업 규모가 확대되면서 농업용수는 점점 부족하게 되었고, 더군다나 수자원의 오염이 심해지면서 깨끗한 농업용수의 확보는 심각한 문제가 되었다. 사막지대에서는 관개수로를 따라 원거리로 공급하는 도중에 물이 대량 증발해버리는 것도 문제이다. 강수량이 매우 적은 지역에서는 장기간 농업용수(지하수를 포함하여)를 사용하는 동안, 증발이 반복되면서 토양 속의 염분 농도가 높아져 농작물은 물론 목초조차 잘 자라지 못하는 황폐한 땅으로 변하기도 한다.

지평선이 보이는 넓은 평야 속으로 농수로가 끝없이 연결되어 있다. 사막 나라에 서는 수로의 물이 대량 증발하므로, 땅속에 관개 파이프를 묻어 물을 공급한다.

5-7. 산업에서 사용되는 물

각종 공장에서는 농업용수 다음으로 대량의 물(전체 담수 사 용량의 약 20%)을 사용한다. 물을 특히 많이 소모하는 산업은 화학제품, 석유제품, 금속제품, 펄프와 종이 생산시설과 탄광 등이다. 물론 수력발전소에서는 특히 많은 물을 사용한다. 물로 된 음료수와 의약도 그 소비량이 무척 많다. 물은 생산 공정에 만 사용되는 것이 아니라 세척이나 수증기 형태로도 대량 사용 된다. 예를 든다면, 종이 1장 생산에는 9 ℓ 의 물이 소모되고, 면으로 된 티셔츠 1장에는 약 4,000 ℓ, 가죽구두 1켤레에는 약 8,000 ℓ, 그리고 조그마한 마이크로칩 하나 생산에도 약 30 ℓ, 그리고 승용차 1대 만드는 데는 무려 40만 ℓ 정도의 물이 소비되고 있다.

공업용수의 공급이 부족해지자, 많은 산업에서는 물 사용량을 줄이는 노력을 하고 있다. 예를 들어 물을 많이 쓰는 펄프와 제지공장에서는 생산 방법을 개선하면서, 폐수를 재생 처리하는 방법으로 지금은 20여 년 전보다 물을 80~90%나 적게 사용하게 되었다. 1980년대 이후 공업용수의 소비량은 그 이전보다 거의 절반으로 줄어들었다. 생산 기술의 발달에 따라 용수의 소비량은 감소했지만, 공장 폐수는 아직도 강과 호수와 바다 그리고 지하수를 오염시키는 주된 원인이 되고 있다.

현재 전 세계의 수력발전소는 전 지구가 사용하는 전력의 약 20%를 생산하고 있다. 이를 위해 100개가 넘는 나라들이 약 4만 5,000개의 댐을 보유하고 있다. 댐의 물은 전력생산에만 쓰는 것이 아니라, 농업용수나 공업용수로도 활용되며, 생활용수로도 잘 이용되고 있다. 특히 댐은 물을 적절히 저장함으로써

화력 또는 원자력 발전소에서 배출되는 고온의 물을 냉각시키는 거대한 탑에서 막대한 양의 수증기가 뿜어 나오고 있다.

수력발전소는 댐에 저장한 물을 댐 아래로 흘려 발전기를 돌린다. 수력발전은 화석연료를 절약하고 공해가 없는 발전 방법이기는 하지만, 댐 건설 때 숲과 농지가 수몰되고, 수몰지역의 사람들은 전통적인 삶터를 잃고 이주를 해야 한다. 또한 수몰지역의 생물 다양성이 감소하게 되는 환경 피해를 줄 수 있다.

홍수를 예방하고 가뭄을 대비하는 중요한 역할을 한다. 또한 댐에서 강으로 흘러든 물은 사람들이 살기 좋아하는 수변 환경을 제공해 주고, 수상 레저와 수송 수단으로 이용된다.

5-8. 우리나라의 다목적 댐

우리나라에는 큰 자연호수가 없다. 대신 전국의 강과 연결된 지역에 댐을 여럿 건설하여 용수자원(농업용수와 산업용수)과

우리나라는 대규모 자연 호수가 없다. 그래서 강을 따라 크고 작은 댐을 다수 건설했다. 소양강댐 수문으로 대량의 물이 쏟아지고 있다.

수력발전용으로 이용하는 동시에, 홍수를 예방하도록 수량을 조절하고 있다. 대표적인 우리나라의 큰 다목적댐을 강계별(江系別)로 알아본다. 다목적댐이란 두 가지 이상의 기능을 가진 댐을 말한다.

한강계 - 소양강댐, 충주댐, 화천댐, 춘천댐, 의암댐, 청평댐, 팔당댐, 횡성댐
낙동강계 - 안동댐, 임하댐, 합천댐, 남강댐, 밀양댐
금강계 - 대청댐, 부안댐, 용담댐
영산강댐 - 담양댐, 장성댐, 나주댐, 광주댐, 영산강 하구댐
섬진강계 - 섬진강댐, 주안댐
만경강계 - 대아댐

5-9. 가장 깨끗한 지하수

지면 아래에 풍부하게 스며들어 있는 지하수는 참으로 귀중한 수자원이다. 예부터 사람들은 지하수의 이용권을 둘러싸고 종종 분쟁을 벌여왔다. 지하수는 지구상 모든 곳에 있다. 가장 극심한 사막에도 있고, 히말라야의 최고봉에도 있다. 수자원이 부족해진 오늘날 많은 수리학자들은 지하수의 저장고와 그 흐름 등에 대해 중요한 연구를 하고 있다.

유명 관광지가 되고 있는 석회 동굴에 들어가면 곳곳에서 지하 호수를 만나게 된다. '세인트 레오나르드'(Saint Leonard)는 유럽 대륙에서 가장 큰 지하 호수의 이름이다. 이 호수는 스위스 발라이스 지방 석회암지대에서 1943년에 처음 발견되었다. 근처 주민들은 이 호수의 존재를 오래 전부터 알고 있었으나, 내부를 조사한 적은 없었다.

지구상에서 가장 깨끗하게 정수된 담수는 지하수이다. 인류는 지하수를 가장 좋은 식수로 사용해 왔고, 지금

우리나라의 산 속에 있는 사찰에 가면 어디나 지하수를 개발하여 식수와 용수로 사용하고 있다. 그러나 석회암 지대의 지하수는 알칼리성이 강하고, 신장 결석 위험이 있어 그대로 마실 수 없다.

도 수십억 인구가 지하수를 생명수로 마시고 있다. 인류가 식수나 농업용수 또는 산업용수로 사용하는 담수의 약 20%는 지하수이다. 비와 눈이 흙과 바위 틈새를 통해 지하로 내려가면서 여과되어 지하수가 된다. 지하수는 낮은 곳으로 내려가 저지대의 하천이나 호수로 흘러들기도 하고, 샘이 되어 솟아나기도 하며, 지하의 흙과 암석 틈새에 저장되기도 한다. 지하수는 모세관현상에 의해 토양 입자를 적시게 되고, 지표면의 식물 뿌리는 그 물을 흡수하여 생장한다.

5-10. 수자원 위기는 어떻게 극복할 것인가?

21세기를 맞으면서 유엔환경계획(UN Environment Programme : UNEP)은 "인류는 앞으로 두 가지 새로운 위기를 맞는다."고 했다. 하나는 지구의 '평균 기온 상승'이고, 다른 하나는 '물 부족' 문제이다.

인구가 증가하고 각종 산업이 빠르게 발전함에 따라 물의 수요가 급팽창하고 있다. 앞으로 2025년이 되면 물 부족 때문에 생존이 어려운 인구가 20억 명에 이를 전망이다. 석유라든가 석탄과 같은 에너지 자원도 절대적으로 필요한 것이지만, 이들은 태양, 원자력, 풍력 등의 대체 에너지를 개발하여 부족을 대신할 수 있다고 믿고 있다. 그러나 수자원은 보충할 방법이 없으므로, 물이 부족해진다는 것은 가장 두려운 재앙이다.

중국 북부 지방은 여러 해 동안 비가 제대로 내리지 않아 강물이 말랐다. 인도에서는 지하수위가 내려간 때문에 논밭에 물을 충분히 공급하지 못해 농업 생산량이 줄고 있다. 많은 나라들이 수자원을 확보하기 위해 이웃 국가와 분쟁을 일으키고 있다. 우리나라는 반도 국가이기 때문에 모든 강이 국토 안에 있

소를 방목하고 있는 곳이지만 심한 가뭄 때문에 목초가 전혀 보이지 않는다. 물은 그 양이 제한된 자원이므로 부족해지지 않도록 미리 대비해야 한다. 밀 1톤을 수확하려면 물이 1,000톤 필요하다.

으므로, 이웃 국가와(북한을 제외하고) 물 때문에 분쟁이 일어날 염려가 적어 매우 다행이다.

5-11. 운하는 물 저장고를 겸한 유리한 물길

고대에 건설한 운하(수로 역할을 겸함) 중에서 가장 길이가 길고 복잡한 것은 중국이 만든 것이다. 중국의 강은 대부분 서에서 동으로 흐르는데, 이들 강들은 운하의 그물코로 서로 연결되어 있다. 그 중에서도 북경에서 남쪽 전당강(錢塘江) 하구의 항주(杭州)에 이르는 1,600km의 대운하는 기원전 6세기에 준설하기 시작했던 것이다. 이 운하는 오늘날에도 부분적으로 이용하고 있다.

산업혁명이 시작된 영국에서는 1760년경부터 운하를 대대적으로 건설하기 시작했다. 당시의 운하는 석탄이나 생산품을 산지로부터 공업지대와 도시 또는 항구로 운송하는 수송로였다. 1830년까지 영국의 운하는 총연장 5,000km에 이르렀다. 이러한 운하 건설은 프랑스와 독일 등의 국가에서도 론 강과 라인 강 주변에서 대대적으로 이루어졌다. 현재 프랑스, 독일, 벨기에, 네덜란드의 국가는 총 연장 2만km를 넘는 운하를 이용하고 있다.

한편 미국에서도 산업이 발달하면서 1817년부터 1825년에 걸쳐 뉴욕의 허드슨 강 유역에서 오대호가 있는 버펄로까지 총길이 567km의 운하를 개통했다. 그 후 철도가 발달하면서 운하의 이용은 다소 줄어들었으나, 오늘에 와서 운송비 절약을 위해 다시 이용이 증가하고 있다.

네덜란드는 국토의 상당 부분이 바다 수면보다 낮기 때문에 전국적으로 운하를 건설하여 수자원을 보존하면서, 수송로로 이용한다.

미국의 경우, 상업적 목적으로 운반선이 다닐 수 있는 강과 운하와 연안(沿岸) 수로를 합계하면 4만km가 넘는다. 대서양 연안을 따라 만들어진 내륙 운하는 뉴욕 주로부터 플로리다 주를 연결하고 있다. 또한 오대호로부터 시작된 운하는 미시시피 강 지류를 따라 멕시코 만까지 연결되어 있다. 그리고 미국과 캐나다가 공유하는 세인트로렌스 수로로는 큰 화물선이 대서양에서 5대호 항구까지 3,200km를 가게 되어 있다.

5-12. 빙산의 물은 식수이다

물이 귀한 중동의 여러 나라에서는 많은 비용을 들여 바닷물을 담수로 만들어 식수와 생활용수로 사용하고 있다. 빙산은

남북극에는 많은 눈이 내리지는 않는다. 따지고 보면 그곳은 사막처럼 강수(降水, 비와 눈 등)가 적다. 이 남극대륙에는 현재 한국을 비롯한 전 세계로부터 4,000여 명의 극지 과학자들이 찾아와 그곳의 환경과 자원과 생명체 등을 연구하고 있다.

깨끗한 담수이다. 그러므로 일부 과학자들은 식수를 싼값으로 구하는 방법의 하나로, 남극 바다에서 빙산을 밧줄에 묶어 중동 나라의 해안까지 끌고 와 사용할 것을 제안하고 있다. 빙산을 운반하는 예인선(曳引船)은 열대지역 바다를 지나오지만, 일정 크기 이상의 빙산이라면 끌어 오는 도중에 절반이 녹더라도 경제성이 있다는 것이다.

5-13. 이스라엘의 6일 전쟁은 수자원 전쟁

이스라엘은 레바논, 시리아, 요르단, 이집트와 국경을 접하고 있으며, 이들 나라는 모두 사막국가이다. 이스라엘의 사해(死海)로 흘러드는 강은 요르단 강이며, 요르단 강물은 갈릴리 호수에서 흘러나온 것이다. 갈릴리 호수에 가장 많은 물을 공급하

건조한 지역에서는 지하수를 사용하여 오래도록 농사를 한 결과, 토양의 염분 농도가 높아져 작물이 자라기 어렵게 되었다.

는 강은 '리타니 강'이다. 특히 이스라엘과 레바논, 시리아, 요르단 네 나라는 갈릴리호와 요르단 강, 그리고 리타니 강물을 끌어와 수자원으로 사용한다.

지난 1964년 6월에 이스라엘과 이웃 중동 국가 사이에 벌어진 '6일 전쟁'(6일 만에 이스라엘의 대승리로 끝난 전쟁)은 이스라엘과 아랍 국가 간의 정치적 마찰로 시작되었지만, 실제 원인은 '물 전쟁'이었다. 요르단 강의 물을 끌어와 수자원으로 사용하던 이스라엘은 1964년에 요르단 강의 물을 다른 데로 돌려 더 많은 수자원을 확보할 계획을 세웠다. 이에 화가 난 시리아와 레바논은 댐을 건설하거나 수로를 내어 갈릴리 호수로 물이 유입(流入)되지 못하도록 하려고 했다. 아랍 국가들의 계획은 구체화되어 갔다.

때마침 이집트가 이스라엘을 공격하자, 이스라엘 공군은 반격을 시작하여 대부분을 이집트만 아니라 시리아, 요르단, 이라크의 공군기들까지 순식간에 괴멸시켜 대승리를 거두었다. 이것이 이스라엘과 아랍 국가 간에 벌어진 제3차 중동전쟁(일명 '6일 전쟁')이었다. 6일 전쟁 때 이스라엘은 이집트의 시나이 반도, 요르단의 국토이던 요르단 강 서쪽 부분, 갈릴리호가 있는 시리아의 골란고원을 모두 점령하고, 수자원에 대한 권리를 최대한 확보했다.

5-14. 세계의 물 분쟁지역

프랑스와 독일 등이 있는 유럽 대륙에는 거대한 다뉴브 강과 라인 강 두 개가 여러 나라 국경을 넘나들며 흐른다. 만일 어느 한 나라가 강물 사용을 독점하게 된다면, 여러 나라가 물 부족 사태를 맞게 된다. 따라서 다뉴브 강과 라인 강이 흐르는 유럽 여러 나라는 수자원을 평화적으로 이용하도록 협약을 맺고 있다. 아래는 세계 여러 나라가 처한 수자원 부족 상황의 일부이다.

미국 — 미국은 전체 담수의 95%가 지하수로 존재할 만큼 지하수가 풍부하다. 사막지대인 텍사스 주에서는 지하수를 너무 퍼내어 지하수 수위가 많이 낮아져버렸다. 텍사스 주와 인접한 네브래스카 주, 콜로라도 주, 캔자스 주, 오클라호마 주, 뉴멕시코 주의 지하에는 '오갈랄라'라고 부르는 거대한 규모의 지하수층('대수층' 帶水層이라 함)이 있다. 이 대수층에 저장된 물의 양은 콜로라도 강 18개가 1년 동안 흐르는 물의 양에 가깝다고 한다. 그러나 이 대수층에서 각 주가 지나치게 물을 뽑아내고 있기 때문에, 일부 주에서는 이 지역의 농업 규모를 축소하려 하고 있다.

멕시코 — 인구가 많은 대도시로 이름난 멕시코시티는 물 부족도 심각하다. 더구나 그 동안 지하수를 너무 퍼내어 지반이 침하하는 곳도 있다. 인근의 호수도 말라버리고 숲도 황폐화되었으며, 수도관이 너무 낡아 수돗물의 40% 정도는 누수(漏水)되고 있어, 물 사정은 더욱 악화되고 있다.

중국 — 중국 북부지역을 흐르는 3개의 큰 강은 모두 심하게 오염되어, 그 물은 농사에 쓰기에도 부적당한 상황이다. 그나마 오염이 조금 덜한 황하는 가뭄 때문에 강바닥이 마르기도 하고, 지하수위도 낮아져, 많은 인구가 물 부족에 시달리고 있다. 우리나라는 중국에서 생산된 농산물과 식품을 대량 수입하고 있으므로, 중국의 물 사정을 염려하지 않을 수 없다.

인도와 방글라데시 ― 히말라야 산맥의 빙하가 녹아 흐르는 갠지스 강은 인도 대륙을 흘러내려, 하류에서 방글라데시 국경을 넘어 벵골 만으로 흘러든다. 갠지스 강가에는 약 4억의 인구가 살고 있어, 강물은 많이 오염되기도 하고, 갈수기가 오면 물 부족이 심각한 상황이다. 그에 따라 인도와 방글라데시 두 나라 사이에는 갠지스 강물 때문에 관계가 악화되기도 한다.

아랄 해 ― 카자흐스탄과 우즈베키스탄 두 나라가 있는 중앙아시아에는 '아랄 해'라 부르는 거대한 담수호가 있다. 지난 날, 이 지역을 지배하던 러시아는 1962년부터 1994년까지 아랄호 근처에 목화농장을 대규모로 조성했다. 그 결과 인근 지역은 사막화되어 버렸고, 아랄 해의 수위는 16m나 낮아졌다. 이런 상황에 아랄 해는 화학물질로 심하게 오염까지 되었다.

에베레스트 산이 있는 히말라야 산맥의 빙하는 인도와 중국대륙에 사는 수억의 인구에게 수자원을 공급한다.

아프리카의 물 사정은 최악 — 유엔은 아프리카에서 수자원 때문에 나라 간에 분쟁이 심하게 발생할 것을 염려하고 있다. 이집트의 나일 강 상류에는 수단과 에티오피아 두 나라가 있다. 각 나라는 나일 강 상류의 물로 농사를 하고, 댐을 막아 수력발전에 사용하려 한다. 이 두 나라의 인구가 늘면, 이집트의 나일 강물이 위협받게 된다.

남아프리카 중앙부에는 자이레, 앙골라, 잠비아, 짐바브웨, 보츠와나, 모잠비크 등 여섯 나라가 서로 인접해 있고, 여기에는 잠베지 강과 오카방고 강이 흐른다. 이들 나라에서는 이곳의 강물 때문에 이해관계가 복잡하다.

아프리카 서부의 니제르 강이 흐르는 곳에는 나이지리아, 가나, 말리 세 나라가 있다. 이들 나라는 모두 빈국인데다, 니제르 강은 지나치게 오염되어 있어 식수로 쓰기조차 어렵다. 그래서 대부분의 주민들은 식수를 길어오기 위해 매일 몇 시간씩 소비해야 한다. 또한 말리는 인접한 세네갈과 모리타니 두 나라와 세네갈 강을 분쟁 없이 나누어 사용해야

사하라 사막 주변 나라에서는 가족이 마실 물을 길어오기 위해 몇km를 걸어가야 한다. 이런 나라에서는 어린이들도 식수 운반을 해야 한다. 사하라사막의 차드 호수 물도 급격히 감소하고 있다.

하는 상황이다.

터키 주변국 — 티그리스 강과 유프라테스 강의 상류에는 터키와 시리아, 이라크 세 국가가 있다. 어느 국가가 이 강의 물을 독점한다면 심각한 국제 분쟁이 발생할 것이다. 최근 터키는 티그리스 강의 상류에 댐을 건설하고 있어 시리아와 말썽이 되고 있다. 또한 터키는 자기 나라의 마나그바트 강물을 이웃 중동 국가에 수출할 계획도 가지고 있다.

5-15. 물 분쟁을 방지하려는 국제적인 노력

물은 전 지구를 순화하는 지구인 모두의 자원이다. 논농사를 지어온 우리의 선조들은 냇물을 끌어 논에 물을 댈 때, 반드시

빙산이 떠도는 남극대륙에도 관광객이 많이 찾아온다. 남극대륙은 전 지구인의 공동 재산이다.

다른 사람들의 논에도 물을 보낼 수 있도록 고려했다. 물을 독점하거나 더럽히는 행동은 큰 범죄로 취급되어 왔다.

1. 각 나라는 자기 나라의 수자원으로 인접 국가를 위협하지 않아야 한다.

2. 물 부족을 대비하여 댐이나 저수지와 같은 저장 시설을 대폭 늘이고, 농업과 산업도 물을 절약할 수 있도록 기술 발전이 되어야 한다.

3. 한 국가가 일방적으로 강물을 독점하거나, 지하수를 마구 뽑아 사용해도 안 된다. 빗물이 충분히 보충해주기 전에 지하수를 마구 뽑아내면, 땅이 꺼지기도 한다.

4. 각 나라는 서로 원만하게 타협하여 수자원을 개발하고 이용하도록 해야 한다.

5. 지구의 기온 상승을 방지하도록 모든 나라가 노력해야 한다.

6. 바닷물을 경제적으로 담수화하는 기술을 더욱 개발하고, 원자력 에너지와 같은 값싼 전력생산 시설을 준비해야 한다.

5-16. 물 부족을 대비한 세계의 노력

물 부족이라든가 빈곤, 환경, 기상 등의 문제는 특정한 나라만의 일이 아니기 때문에 국제연합(UN)의 여러 기구들이 협력하여 해결 방안을 찾도록 노력하고 있다. 전 세계의 빈곤 문제를 타파할 방안을 모색하는 유엔 산하 기구인 MDG(Millenium Development Goal)는 최근의 한 보고에서, 오늘날 식량부족을 겪고 있는 세계인에게 양식을 넉넉히 제공하려면, 우선 물(담수)이 충분히 있어야 할 것이라며, 2050년까지 지금보다 물을 2배 이상 공급할 수 있도록 노력해야 한다고 했다.

공기는 온도가 높을수록 많은 수증기를 담고 있을 수 있다(포화습도가 높아진다). 그러므로 지구의 평균 기온이 오르면, 수증기는 빗방울이 되지 않고 그대로 있어, 비가 적게 내리게 된다. 지구의 기상 변화와 물의 중요성을 알리기 위해 유엔은 매년 3월 22일을 '세계 물의 날'로 정하고 있다.

물은 댐을 건설하고 농수로를 건설하는 것만으로 해결되지 않는다. 농업에 쓸 담수는 하늘에서 비가 충분히 내려야 저수할 수 있다. 그러나 오늘날 온실가스에 의한 기온 상승 등의 기후변화 때문에 물을 2배 공급하는 것이 매우 어렵다고 보고 있다. 유엔환경계획(UNEP)과 유엔기상기구(WMO)가 1988년에 공동으로 설립한 유엔 기구의 하나인 '기후변화에 의한 정부간 회의'(IPCC)가 발표한 보고에 의하면, 2050년이 되면 대기의 온도가 높아지기 때문에 지금보다 훨씬 많은 양의 습기가 공중에 머물게 되므로, 현재보다 비가 10~30% 적게 내리게 될 것이라고 전망하고 있다(제8장 참조).

5-17. 전쟁의 도구가 되는 물

물은 때로 전쟁의 무기가 되기도 한다. 고구려의 을지문덕 장군은 침공해온 수나라 대군이 강을 건널 때, 물을 가두어 두었던 둑을 무너뜨려 수나라 군사를 수장시켰다. 이것이 유명한 '살수대첩' 역사이다. 또한 이순신 장군은 남해안 곳곳에서 지형과 조류의 흐름을 이용하여 여러 번 왜군을 대파하기도 했다.

강원도 화천에 있는 '평화의 댐'은 북한이 건설한 거대한 금강산댐에서 물을 갑자기 방류할 경우, 한강 둑이 넘쳐 서울까지 수해가 미칠 것을 염려하여 1988년에 1차 공사를, 2006년에

진도로 건너가는 진도대교가 있는 울돌목은 매우 빠르게 조류가 흐른다. 이순신 장군은 울돌목의 조류가 빠르게 흐르는 날과 시간에 전략적으로 왜선을 유도하여 대승(명량대첩)을 거두었다. 현재 이곳에는 우리나라가 처음 건설한 조류발전소가 가동되고 있다(제6장 조류발전 참조).

2차 공사를 완료한 전략적인 댐이다. 이 댐은 1995년과 1996년에 집중호우가 내렸을 때, 불어난 물을 막아주어 홍수조절 기능이 있음을 입증했다.

5-18. 해수에 녹아 있는 천연자원

지구 표면에 물이 가득하게 된 것은 온갖 생명체가 탄생할 수 있게 된 첫째 조건이었다. 지금의 과학지식으로 볼 때, 물이 없다면 어떤 생명체도 존재할 수 없다. 바다에 모인 물의 양은 지구 전체에 있는 물의 97.2%이고, 강이나 호수, 지하수, 구름의 물을 다 합쳐도 2.8%에 불과하다.

바닷물에는 지상과 지하에 있는 여러 물질들이 다량 녹아 있다. 그 중에 대표적으로 많은 것이 바닷물의 약 3%를 차지하는 소금이다. 소금의 화학 이름은 염화나트륨(NaCl)이다. 이것은 염소(Cl)와 나트륨(Na)이 화합한 물질임을 나타낸다.

바닷물에는 소금의 성분 외에 칼륨, 마그네슘, 칼슘, 망간, 요드, 브롬, 황산, 붕소, 우라늄 등 세상에 있는 거의 모든 원소가 녹아 있다. 바닷물을 햇빛에 건조하면 염분(소금 성분)만 남게 되는데, 이를 천일염(天日鹽)이라 한다. 천일염에는 인체가 필요로 하는 온갖 염류(미네랄)가 포함되어 있으므로, 순수한 소금보다 건강에 더 좋다고 하겠다.

5-19. 수산자원(水産資源)의 위기

해산물이라고 하면 사람들은 주로 물고기만 생각한다. 그러나 바닷가 바위에 붙어사는 김과 같은 해조류에서부터 해삼, 게, 조개, 오징어, 물개와 고래에 이르기까지 모든 바다 생물이 해산물이다. 이들 해산물은 거의 모두가 인간의 식량이 되고 있다. 바다와 강은 50여 년 전까지만 해도 먹을 것을 넉넉히 제공해주었다.

인류는 역사가 시작된 이후부터 강과 바다에서 이들을 채취하기 시작했다. 처음에는 연안의 얕은 물에서 잡았으나, 배와 그물을 가지게 되면서 점점 깊고 먼 바다로 나가 많은 양을 채취할 수 있게 되었다. 인구의 증가에 따라 해산물의 수요량이 해마다 늘어가면서 오늘날에는 거대한 어선을 만들어 몇 달씩 바다에 머물면서 대량으로 물고기를 잡게 되었다.

하지만, 지나치게 많이 잡아낼 뿐만 아니라, 어린 고기(치어)

고래 종류는 약 5,000만 년 전 육상에 살던 포유동물이 바다에 들어가 살게 되었다고 생각하고 있다. 고래 종류 중에 흰수염고래는 가장 거대했던 공룡보다 체격이 크다.

까지 마구잡이 하고, 바다를 오염까지 시킨 결과 수산자원은
자꾸만 줄어들었다. 그 결과 수산업 관계자만 아니라, 바다 자
체의 생태계가 위협을 받게 되고 말았다. 오늘날 전 세계의 어
선이 물에서 잡아내는 어획량은 약 9천만 톤에 이른다. 나라에
따라 다르지만, 평균하여 1년 동안 1인당 약 16kg의 생선을 먹
고 있는 것이다. 일반적으로 잘 사는 나라일수록 해산물 수요
량이 많다. 쇠고기나 돼지고기와 달리 생선은 질 좋은 단백질
과 지방질 그리고 무기물이 풍부하여, 건강에 좋은 식품으로
사랑받는다.

　　바다의 포유동물인 고래 종류는 오래도록 중요한 식량자원이
었다. 그러나 20세기 초엽부터 대규모 포경선들이 마구잡이 하
게 되자, 고래는 멸종의 위기를 맞게 되었다. 그 때문에 1946년
에는 '국제포경위원회'(IWC)가 구성되어, 고래잡이를 엄중하게
제한하게 되었다. 그리고 1986년 이후에는 전 세계 어느 바다
에서라도 특수한 연구 목적 외에는 고래를 잡지 못하도록 규제
하고 있다.

5-20. 수산물의 대규모 인공양식

　　수산 자원이 점점 고갈되자, 해양 국가들은 어족자원 보존을
위해 불법 고기잡이를 하지 못하도록 엄한 법률을 시행하고 있
다. 1990년대 초, 우리나라는 500여척의 원양어선과 2만 여명의
선원이 전 세계의 바다로 나가 활동하는 원양어업 국가였다.
그러나 지금의 우리나라 원양어선은 과거의 절반도 되지 못하
고, 선원도 거의 10분의 1로 줄었다.

　　한국인은 생선을 많이 소비한다. 어획고가 줄자, 우리나라는
대구와 명태 등을 러시아와 협상하여 상당한 대가(입어료 入漁

料)를 지불하고 러시아 근해에서 고기잡이를 한다. 그나마 일정한 양 이하만 잡아야 한다.

지난 100여 년 동안에 참치, 대구, 황새치 등의 생선은 어획량의 90%나 줄었다. 생선은 인간의 식품만 되는 것이 아니라, 어떤 곳에서는 가축의 사료로 사용하기도 한다. 어획량의 부족으로 값이 오르게 되자, 세계 많은 나라에서는 연안에서 물고기 등의 해산물을 인공적으로 대량 양식하고 있다. 물고기를 인공양식하면, 비좁은 공간에서 많은 물고기를 키워야 하므로, 대량의 사료를 주어야 하고, 산소 공급도 충분하게 해줘야 한다. 많은 경우 어린 고기(치어稚魚)들을 잡아 양식 물고기의 사료로 사용하고 있어 문제가 되기도 한다.

양식하는 해산물의 종류는 물고기만 아니라 김, 조개, 굴, 소라, 가리비, 새우,

인도의 어부가 낚싯대로 잡은 황새치를 싣고 간다. 주둥이가 칼처럼 길어 영어로 '칼고기'(swordfish)라고 부르는 황새치는 바다 위를 새처럼 뛰어 오른다. 가장 큰 것은 길이가 4.5m에 이르고, 무게가 거의 650kg나 된다.

바다가재 등에 이르기까지 다양해지고 있다. 인공 양식하는 대표적인 물고기는 잉어, 금붕어, 미꾸라지, 메기, 배스, 송어, 틸라피아, 구라미 등의 민물고기를 비롯하여 광어, 우럭, 뱀장어, 연어, 대구 등이다.

열대지방의 강과 호수 얕은 물에서 빨리 성장하는 큰 민물고기인 틸라피아는 잉어, 연어 다음으로 열대 나라에서 많이 양식하고 있다. 이스라엘의 갈릴리 호수에도 틸라피아 종류가 살고 있으며, 그 때문에 '성 베드로 물고기'로 알려지기도 한다. 틸라피아는 필리핀, 인도네시아, 파푸아 뉴기니와 같은 열대 아시아 나라에도 도입되었으며, 온도지방에서는 따뜻한 물이 나오는 공장 폐수를 이용하여 양식하기도 한다.

5-21. 바다에서 얻는 생명의 소금

해수에는 소금, 칼슘, 칼륨, 마그네슘, 망간, 요드, 브롬, 황, 붕소, 우라늄 등 거의 모든 물질이 용해되어 있다. 해수의 약 3.5%를 차지하는 이들을 총칭하여 '염분' 또는 '미네랄'이라 하며, 염분 중에 대부분을 차지하는 것이 소금이다.

인간을 포함하여 어떤 동식물도 소금 성분이 몸에 없으면 살아가지 못한다. 또한 어떤 음식도 소금이 적당량 들어 있어야 맛이 난다. 인체 내에는 약 0.9%의 소금이 녹아 있으며, 이 소금은 여러 가지 역할을 하지만, 그 중에서 중요한 기능은 몸의 수분 농도를 조절하는 것이다. 만일 인체 내의 소금 함량이 너무 낮아지거나 하면, 각 기관의 기능이 제대로 이루어지지 않아 어지럽고 경련을 일으키며 신경계에도 이상이 생겨 죽음에 이른다. 반대로 소금 농도가 너무 높으면 고혈압이 되어 생명이 위협받는다.

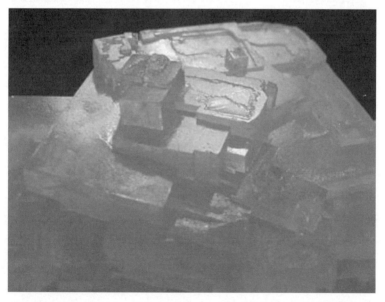

암염은 흰색의 결정체이다. 암염이 약간의 회색이나 황색 또는 푸른색을 나타내는 것은 다른 염류가 좀 더 많이 포함된 때문이다. 암염은 과거에 대상들이 낙타에 실어 운반하는 중요 상품이기도 했다. 옛 로마 병사들에게는 주기적으로 일정한 양의 소금(salarium)을 제공했는데, 오늘날의 '급료'를 의미하는 영어 'salary'(샐러리)는 이때 생긴 단어라고 한다.

페루의 안데스 산맥에는 짠물이 솟아나는 곳이 있다. 이곳에서는 계단식 논처럼 염전을 만들어 소금을 생산한다. 고산에서 소금물이 나오는 것은 과거에 이 지대가 바다였음을 말해준다. 이런 곳은 히말라야 산맥에도 있다.

소금을 얻으려면 소금 광산에서 암염(巖鹽) 상태로 파내거나, 바닷물을 증발시켜야 한다. 암염은 과거에 호수가 말라버려 생긴 것이다. 오늘날의 사해와 같은 호수는 언젠가 암염광산으로 변할 가능성이 있다.

염전(鹽田)은 육지에서 바다로 녹아들어간 염분을 태양열로 증발시켜 다시 건져내는 곳이다. 일반인들은 소금을 식용으로 대부분 쓴다고 생각할지 모른다. 전 세계 소금 생산량은 매년 2억 톤을 넘으며, 그중 82.5%는 화학공업에서 다른 화학물질을 만드는 원료로 사용한다.

지구상에 존재하는 물질 중에 인류가 가장 다양한 용도로 대량 사용하는 것이 소금이다. 소금으로 1만 4,000가지 이상의 화학제품을 만들고 있는데, 그 중에는 비누를 만들 때 사용하는 수산화나트륨, 빵을 부풀리는 성분인 중탄산나트륨, 염산, 프레온가스, 수돗물을 정수할 때 쓰는 하이포염소산 등도 있다.

바닷물의 소금 농도는 전체가 거의 비슷하지만, 큰 강이 흘러드는 곳 근처는 조금 낮다. 세계에서 염도가 가장 높은 바다는 아프리카와 사우디아라비아 사이의 홍해이다. 이곳은 주변에 강이 적고, 비가 잘 내리지 않으며, 매우 기온이 높아 증발이 심하기 때문이다.

5-22. 세계의 소금 호수

지구상에는 호수의 물이 긴 세월 동안 증발되어 생긴 소금호수(염호)가 몇 개 있다. 소금 호수는 강수량이 극히 적은 사막지대에 주로 있지만, 극단적으로 가물고 건조한 남극대륙에서도 작은 소금호수가 발견되었다.

이란 북부와 러시아 남쪽 경계에 있는 카스피 해(Caspian Sea)

볼리비아의 소금 호수는 약 4만 년 전에 소금 호수로 변했을 것으로 추정하고 있다. 수분이 마르고 나면 호수 전체는 마치 얼어붙은 호수처럼 보인다.

는 세계 최대의 호수에 속한다. 이 호수가 바다라고 불리는 원인은 그 물이 바다보다 3배 정도 진한 소금물(염도 약 1.2%)이기 때문이다. 이 호수의 표면적은 37만 1,000km²이며, 그 수면은 바다 수면보다 약 27m 낮다.

약 550만 년 전 대규모 지각변동이 일어났을 때, 육지 속에 갇혀버린 카스피 해는 볼가 강을 비롯하여 사방에 있는 130개 이상의 강물이 흘러들기만 하여, 증발만 일어나는 내륙 속의 바다가 된 것이다. 카스피 해의 최고 수심은 1,025m이며, 이 바다에서 잡히는 철갑상어의 알은 귀한 요리가 되고 있다. 카스피 해 주변에서는 다량의 암염이 채굴되고 있다.

우주에서 내려다본 카스피 해. 지각 변동에 의해 지중해와 분리된 카스피 해는 염분이 바다보다 약 3배나 진하지만. 다른 바다에 없는 120여 종의 물고기가 살고 있다.

소금 호수라고 하면 이스라엘과 요르단의 국경을 이루는 요르단 강이 흘러드는 사해(Dead Sea)를 먼저 생각한다. 사해의 표면적은 약 810km²이고, 최고 수심은 380m이다. 이 호수의 수면은 해수면보다 420m 정도 낮으며, 약 200만 년 전에 생겨난 이후 지금까지 증발이 계속되어 현재의 염분 농도는 바다보다 8.6배나 진한 약 33.7%이다.

사해 주변은 연중 강우량이 100mm 이하인 사막지대이며 이곳의 여름 기온은 섭씨 39도에도 이른다. 바닷물을 건조시키면 97%가 염화나트륨($NaCl$)이지만, 사해의 염분은 염화마그네슘($MgCl_2$)이 50.5%, 염화칼슘($CaCl_2$) 14.4%, 염화칼륨(KCl)이 4.4%이며, 염화나트륨(소금)은 30.4%에 불과하다.

미국 유타 주에 있는 그레이트솔트 레이크는 평균 표면적이 4,400km^2인 세계에서 4번째로 큰 소금호수이다. 지난 1963년 매우 가물었을 때의 호수면 넓이는 2,460km^2였고, 1987년 큰 비가 내렸을 때는 그 면적이 평소의 2배에 이르는 8,500km^2에 이르렀다.

남극대륙 빅토리아 랜드에서 1961년 아무리 추위도 얼지 않는 작은 호수가 발견되었다. 호수 면적은 겨우 30km^2이고, 수심이 겨우 10cm 정도에 불과한 이 호수는 발견자인 두 헬리콥터 조종사의 이름을 따서 돈 존

바다 수면보다 낮은 지대에 있는 사해의 물은 증발을 계속하여 진한 소금호수가 되었다. 사해는 염도가 너무 진하여 동식물이 살지 못한다.

호수(Don John lake)라 부른다. 극단적으로 건조한 이 소금호수의 염도는 바닷물보다 18배나 진하다.

남아메리카의 볼리비아에는 해발 3,600m가 넘는 고지 평원에 약 1천만 톤의 소금이 녹아 있는 거대한 소금 호수가 있다. 건조기가 오면, 수분이 모두 증발하여 넓은 호수는 하얀 소금 세계로 변한다. 볼리비아에는 이와 비슷한 소금 호수가 하나 더 있다.

우리나라 KBS방송국이 실크로드를 취재하여 2009년에 방영한 다큐멘터리 '차마고도'에는, 티베트의 고산지대에서 지하수로 나오는 짠물을 증발시켜 소금을 만들어, 외지에 사는 주민의 곡식과 교환하는 장면을 자세히 보여주었다. 해발 5,000m에 이르는 고지에서 짠물이 샘솟는 것은, 과거에 히말라야 산맥이 해저에 있었던 것을 증명한다.

제 6 장

물을 이용하는 산업

인류는 물 위에 띄울 배를 만들고, 물의 힘으로 기계를 돌리고
전기를 생산하며, 물을 이용한 온갖 거대 산업을 일으켰다. 댐을
건설하고 관리하는 일은 엄청난 국가적 사업이다. 강과 내에는
물을 가두어 막는 보가 있고, 들판에는 농수로가 거미줄처럼
끝없이 이어져 있다. 치산치수와 수돗물 공급 사업은 국가의
가장 중요한 일 가운데 하나이다. 지하수 개발, 파이프와 펌프
제조, 폐수와 하수처리, 수로 건설, 농토에 물을 뿌리는
살수기(撒水機) 제조, 정수기, 여과장치, 해수 담수화 공장 등은
날로 번창하는 수자원 산업이다.

6-1. 산업혁명을 일으킨 증기

물의 힘을 이용하는 물레바퀴가 발명된 것은 기원전 1세기경 이라고 생각되고 있다. 이후 물레바퀴는 극히 최근까지 이용되 어 왔다. 인류 역사에서 가장 중요한 발명품의 하나는 증기기 관이다. 물이 끓어 기화하면 부피가 팽창하는 힘을 이용하는 증기기관은 1765년 영국의 제임스 와트가 발명했다. 이전까지 물레방아나 풍차의 힘으로 기계장치들을 돌리던 사람들은 작은 엔진에서 나오는 증기의 막강한 힘을 이용할 수 있게 되었다.

증기기관들은 소나 말보다 수십 배 수백 배 강한 힘으로 짐 을 나르고, 기계를 돌리며, 물을 펌프질했다. 이런 증기기관의 발달은 산업혁명을 일으킨 원동력이 되었다. 오늘날도 발전소 에서 생산되는 전력의 약 절반은 화력발전소의 증기로부터 생

오늘날에는 증기기차를 특수한 관광지에서나 볼 수 있지만, 1960년대까지 증기 기차는 가장 중요한 육상 교통기관이었다.

산되고 있다.

19세기 초, 미국의 로버트 풀턴(1765~1815)은 증기의 힘으로 사람과 짐을 운반할 수 있는 배를 건조했다. 증기로 움직이는 기차는 가장 중요한 교통수단이 되었으며, 제2차 세계대전이 끝난 후까지도 기차는 세계의 대륙을 달렸다. 증기는 지금도 여러 분야에서 이용되고 있다. 오늘날 증기가 하고 있는 최고의 역할은 화력발전소에서 터빈을 돌려 전력을 생산하는 것이다.

6-2. 에너지는 물의 힘이 생산한다

인류는 수천 년 전부터 물의 힘을 이용했다. 물레방아를 만들어 곡식을 빻았으며, 물을 길어 올리는 양수(揚水) 장치에도 사용하여, 물이 물을 길어 올리도록 했다. 물레방아의 힘으로 천을 짜기도 하고, 송풍기를 돌려 바람을 내기도 했다. 로마에서는 돌과 통나무를 자르는 톱에 수력을 이용했고, 수력으로 광산의 굴을 파기도 했다.

오늘의 인류는 전력이 없으면 단 하루, 한 시간도 살기 어려운 환경 속에 살고 있다. 지난 2005년의 전 세계 전력생산량은 약 715,000메가와트였는데, 그 중 19%는 수력발전이 차지하고 있었다. 따지고 보면, 화력발전소의 연료인 석탄과 석유도 수억 년 전에 물을 먹고 자란 식물이나 미생물에서 생겨난 것이다.

이산화탄소를 생산하지 않고 전력을 생산하는 청정에너지(녹색에너지)라고 하면, 대부분의 사람은 풍력발전이나 조력발전, 또는 태양전지를 사용하는 태양에너지 발전을 생각한다. 그러나 이들 에너지는 막대한 비용과 노력에도 불구하고 필요한 전력의 일부만을 생산할 뿐이다. 인류의 에너지 문제를 궁극적으로 해결해줄 녹색에너지는 원자력을 이용하는 것이다.

원자력발전 방법에는 두 가지가 있다. 하나는 우라늄과 같은 핵연료의 핵을 분열시켜 에너지를 얻는 방식이고, 다른 하나는 수소의 핵을 융합시켜 에너지를 얻는, 수소폭탄의 원리로 알려진 방식이다(질문 6-4 참고). 그리고 이미 시작되고 있는 새로운 전력생산 기술인 '연료전지'(6-9 참조)를 사용하는 방법이 있다.

핵분열 방식으로 전력을 생산하는 원자력발전소의 원자로에는 바닷물에서 뽑아낸 중수(重水)라고 부르는 물이 반드시 필요하다. 그리고 핵융합 방식에 의한 핵융합원자로에서는 그 연료로 이 중수의 수소 성분을 사용한다.

또한 가까운 날 전력원이 될 연료전지 역시 물을 연료로 사용한다(6-9 참조). 그러므로 물이야 말로 인류의 에너지 문제를 근본적으로 해결해줄 물질이라 하겠다.

6-3. 원자력발전소가 쓰는 물 ─ 중수(重水)

2009년 현재, 우리나라의 총 전력생산량 가운데 39%는 원자력발전소에서 생산하고 있으며, 계획에 따르면 2030년까지 60%를 원자력발전으로 생산할 것이라고 한다. 이 원자력발전소의 원자로에는 '중수'(deuterium oxide)라고 부르는 특별한 물이 반드시 필요하다.

미국의 물리화학자인 해럴드 유리(Harold Urey 1893~1981)는 가장 순수한 물이라 하더라도 화학식은 물과 같으나 조금 무거운 물이 있음을 1934년에 발견했다. 물은 수소 원자 2개와 산소 원자 1개(2H +1O)가 결합하고 있다. 물을 구성하는 수소의 핵은 1개의 양성자와 1개의 전자를 가졌다. 그러나 극히 일부

중수를 발견하여 그 성질을 연구한 과학자 해럴드 유리(Harold Urey)는 그 업적으로 1943년에 노벨 화학상을 수상했다.

(바닷물의 약 0.015%)의 물은 그 수소 원자가 1개의 양성자와 1개의 중성자 그리고 1개의 전자로 이루어져 있다. 이런 수소(수소의 동위원소)를 가진 물은 보통의 물보다 약 2배 무겁기 때문에 중수(重水)라 부르고, 중수를 이루는 수소는 '중수소'(deuterium)라 한다.

원자력발전소의 원자로에는 중수가 수백 톤 들어 있다. 물에 중수가 소량 포함되어 있는 것은 매우 다행한 일이다. 왜냐하면, 원자력발전소의 원자로에서는 이 중수를 채워, 중성자의 속도를 감속시킴으로써, 핵분열반응이 적당한 속도로 일어나도록 하기 때문이다.

중수는 보통의 물에서 따로 뽑아내기 어렵기 때문에 값이 비싸다. 중수는 물보다 약간 높은 섭씨 101.4도에서 끓고, 3.8도에서 얼음이 된다. 그리고 이 물은 생리적인 활성이 없어, 씨앗을 중수로 발아시키면 싹이 나지 않고, 동물에게 중수만 먹이면 목말라 죽게 된다. 중수는 자연의 물에 극소량(바닷물 분자 6,500개 중 1개 비율)만 포함되어 있어 아무런 문제를 일으키지 않는다.

6-4. 꿈의 에너지 핵융합 발전의 연료는 중수

전 세계적으로 볼 때 현재의 원자력 발전 방식으로 생산되는 전력의 총량은 10% 정도이고, 크게 노력해도 25% 이상 생산하기는 어려울 것으로 전망하고 있다. 그리고 녹색에너지라고 주목받고 있는 풍력, 조력, 태양력 발전 모두를 합쳐도 겨우 12%에 불과하다. 그러므로 나머지 전력 50% 이상은 화석연료에서 얻어야 하는 실정이다.

인류는 해마다 더 많은 에너지를 소모한다. 그러므로 근본적으로 에너지를 해결할 기술을 개발해야 한다. 그 방법은 태양에서 일어나고 있는 핵융합반응을 지상에서 인공적으로 일으켜 전력을 생산하는 것이다. 그것이 꿈의 '핵융합원자로'이며, 이를 '인공태양'이라 부르고 있다.

우리나라 대덕연구단지에는 '국가핵융합연구소'가 있다. 이 연구소에는 한국의 과학자들이 자체 기술로 개발한 'K-STAR'라고 부르는 시험용 핵융합원자로가 있다. 우리나라를 비롯하여 미국, 일본, 유럽연합, 러시아, 인도가 공동으로 개발하고 있는 이 원자로는 기술적으로 가장 앞서 나가고 있어 국제적인 관심을 끌고 있다.

핵융합원자로가 전력생산을 위해 사용하는 연료는 바닷물에서 무제한 얻을 수 있는 중수소이다. 중수의 성분인 수소가 바로 핵융합의 연료가 되는 중수소이다. 핵융합 발전에 성공하면, 에너지를 무한정 생산할 수 있으며, 여기에는 기후 변화의 주범인 이산화탄소의 배출도 없고, 대기오염이나 방사선의 위험도 없다.

6-4-1. 수력발전

높은 위치에서 지구 중력에 끌려 떨어지는 물은 큰 에너지(위치에너지)를 가졌다. 물의 위치에너지는 발전소의 물레바퀴(터빈)를 힘차게 돌려 발전기를 동작시킨다. 이와 같은 수력발전은 화석연료를 사용하지 않는 무공해 발전이고, 연료가 들지 않아, 현재로서 매우 이상적인 발전 방법이다.

수력발전 시설을 하려면 댐을 건설해야 한다. 그에 따라 거대한 수원지가 생기면서 환경 변화의 문제가 따르기도 한다. 그러나 수력발전을 위해 댐에 저장해둔 물은 농업용수와 산업용수, 식수로 사용하고, 홍수 예방에도 도움을 준다.

6-4-2. 조력발전(潮力發電)

달의 중력과 지구가 회전하는 영향 때문에 바다의 수면은 주기적으로 오르고 내린다. 수면이 오르내리는 이러한 과정에 조류(潮流)가 발생한다. 지구상의 특정한 지점에서는 두드러지게 조류 운동이 크게 일어난다. 그것은 지구에 대한 달과 태양의 상대적 위치 관계와, 그 지역의 해저 지형 및 해안선과 관계가

밀물이 빠져나가자 작은 배들이 백사장에 남았다. 대조 때가 되면 개펄이 가장 멀리까지 드러난다. 밀물(만조)과 썰물(간조) 시간은 매일 조금씩 다르므로, 정확한 시간을 알려면 인터넷에서 조석표(물때표)를 찾는다. 조석표를 확인하면, 각 지역별로 양력 음력 날자, 월령(月齡), 만조시간과 간조시간, 조위(최고 최저 수위), 일출시간, 일몰시간을 알 수 있다.

있다. 조력발전이란 이러한 조석 현상을 이용하여 에너지를 얻는 것이다. 조수 간만의 차가 크거나, 조류가 빠르게 흐르면 보다 큰 조석 에너지를 얻을 수 있다.

조석 현상에 의해 일어나는 밀물과 썰물의 힘을 이용하는 조력발전(潮力發電)은 간만(干滿)의 차가 큰 우리나라 서해안과 같은 지역에서 매우 유망한 미래의 발전 방식이다. 조력발전을 하려면 밀물 때 들어오는 물을 가두어둘 방조제를 건설해야 한다. 방조제에 설치한 터빈은 밀물이 들어올 때와, 썰물이 되어 물이 빠져나갈 때 회전하여 전력을 생산한다.

조력발전소 건설을 위해 방조제를 건설하는 데는 많은 비용이 들고, 방조제가 있는 곳에서는 선박의 운항이 제한되며, 환경적인 영향이 있다. 그러나 밀물과 썰물은 달의 인력에 의해 하루에 두 차례 틀림없이 일어난다. 그러므로 조력발전은 연료가 필요치 않고, 이산화탄소가 발생치 않는 '녹색 에너지'의 대표이기도 하다.

수자원과 화석 연료가 제한된 상황에서 조력발전소 건설은 절실한 문제이다. 특히 조력은 수자원이 무제한이기도 하고, 간조와 만조 시각과, 조류의 양을 정확히 예측할 수 있어 생산계획을 확실히 할 수 있다.

프랑스의 랑스 강 하구에는 조석을 이용하여 전력을 생산하도록 1966년에 세계 최초로 댐을 건설하고 터빈을 설치하여 전력을 생산하고 있다. 간조 때와 만조 때의 수위차가 최대 13.5m(평균 8m)인 이곳 랑스 댐에서는 24개의 터빈을 돌려 최대 240메가와트(연평균 68메가와트)의 전력을 생산하고 있다.

6-4-3. 조류발전(潮流發電)

간만의 차가 많은 해역에서는 수심과 주변 지형에 따라 매우 빠른 조류가 흐른다. 우리나라 서해안 섬 주변에서는 흔히 볼

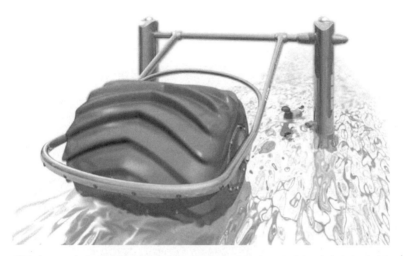

영국의 HEB사가 개발한 수류발전기는 기둥에 매달려 수류따라 회전하여 터빈을 돌린다.

수 있는 광경이다. 대량의 물이 흘러나오는 큰 강의 하구에서도 매우 빠른 수류가 생긴다. 이런 곳에 마치 바람이 잘 부는 구릉(丘陵)에 설치한 풍력발전기처럼, 수류가 있는 곳에 회전하는 터빈을 설치하여 전력을 생산하는 것이 조류발전(또는 수류발전)이다.

조류발전에는 방조제가 필요치 않다. 오늘날 개발된 조류발전기는 4~5노트(1노트는 1,852m)의 유속에서 잘 가동된다. 조류발전용 터빈은 내륙의 풍력발전기처럼 기초를 튼튼하게 세우는데 비용이 많이 든다.

물의 밀도는 공기보다 832배나 크다. 그러므로 풍속에 비해 훨씬 낮은 저속 수류일지라도 상당한 에너지를 생산할 수 있다. 또한 조류는 강물의 수류처럼 연이어 흐르고 있기 때문에, 흐름을 따라 줄지어 조류발전 시설을 할 수 있다.

조류발전 시설도 조력발전 시설처럼 해양 환경과 해운에 다

진도의 울돌목에 건설된 시험용 조류발전소는 400가구가 1년 동안 사용할 수 있는 2,400메가와트의 전력을 생산한다. 조류발전은 조력발전과 마찬가지로 화석연료를 사용하지 않으므로 이산화탄소를 발생하지 않는 에너지 생산 방식이다.

소 영향을 줄 수 있으나, 우리나라 서해안과 남서해안 여러 섬과 육지 사이에는 마치 홍수처럼 조류가 흐르는 곳이 다수 있다. 이런 곳은 모두 조류발전이 기대되는 곳이다. 만일 서해안의 조류가 빠른 곳에서 조류발전을 한다면, 이 또한 화석연료를 사용하지 않고 '중력'이라는 자연의 힘을 이용하는 '무탄소' 에너지 생산 방법이 될 것이다.

　현재 임진왜란 때 명량대첩의 격전지였던 진도의 울돌목에는 시험용 조류발전소가 완공되어 2009년 5월부터 가동되고 있다. 세계적으로는 캐나다의 동서 해안, 지브롤터 해협, 보스포루스 그리고 동남아시아와 오스트레일리아 몇 곳이 해류발전 적지로 알려져 있으나, 아직 어디에도 본격적인 조류발전소는 건설되지 않았다.

2009년 초 영국의 HEB(Hydro Electric Barrel)사는 수류가 있는 바다나 계곡 또는 시냇물의 흐름 속에 띄워 전력을 생산하는 물레방아 수류발전기를 개발했다. 이 발전기는 기둥에 매달려 수류에 따라 회전하면서 전력을 생산하는 동시에, 파도의 오르내림에도 전력을 생산하는 높은 효율을 가졌다.

6-4-4. 해류발전, 파력발전, 해수의 온도차 발전

세계의 여러 바다에는 해류가 상당한 속도로 흐르고 있다. 과학자들은 해류의 힘을 이용하는 해류발전소와, 강한 파도의 힘을 이용하는 파력발전 방식도 연구하고 있다. 해양 에너지를 이용하는 다른 한 가지 방법은 수심에 따른 온도 차이를 이용하는 것이다.

파도는 바다에 미치는 바람의 영향으로 발생한다. 그러므로 파도는 태양으로부터 오는 태양에너지에 의해 주로 생겨난 것이다. 전체 지구상의 파도가 가진 에너지는 막대하다. 이론상 이 에너지를 모두 포착하도록 만든 거대한 발전소가 있다면 인류가 소비하는 대부분의 전력을 공급할 것이라고 한다. 그러나 파도는 조석과 달리 항상성(恒常性)이 없기 때문에 수요와 공급을 맞추는 것이 어려운 문제이다. 그래서 상업적인 대규모 시설은 추진하지 못하고 소규모 파력발전만 할 수 있도록 연구되고 있다.

수영을 해보면 아래로 내려갈수록 수온이 차지는 것을 느낀다. 표면의 물이 따뜻한 것은 태양 빛 때문이다. 그러나 수심 깊은 바다는 매우 차다. 이러한 바다의 온도 차이를 이용하여 에너지를 생산하는 발전소도 만들 수 있다. 따뜻한 수면과 깊은 해저의 온도가 섭씨온도로 3.3도 차이가 있다면 발전시설을 할 수 있다.

6-5. 밀물과 썰물이 심한 지역

바다에 조석(潮汐) 현상이 나타나는 이유가 달 때문이란 것은 대부분의 사람들이 알고 있다. 태양도 바닷물을 끌어당기지만, 태양은 달보다 390배나 멀리 떨어져 있으므로 중력의 영향이 달에 비해 훨씬 적다. 만약 달과 태양이 한쪽 방향에 일렬로 있게 되면, 중력의 영향은 다른 때보다 강하게 작용하여 간만의 차이가 크게 나타난다. 대조(大潮)라고 부르는 이때는 조수가 최고로 올라왔다가 또 최하로 낮게 내려간다.

달을 향하고 있는 부분의 바닷물은 달의 중력에 끌려 조금 솟아오른다. 이때 달 반대쪽에서도 같은 정도로 해면이 솟는다. 이것은 지구가 자전하기 때문에 생기는 원심력의 영향이다. 달의 인력에 의해 해면은 겨우 몇 미터 높아지지만, 이때 전 세계의 바다에서는 엄청난 양의 해수가 이동하게 된다.

하루 동안에 약 12시간 25분을 주기로 두 차례씩 밀물과 썰물(조석 현상)이 일어난다. 조석이 일어날 때 간만의 차이가 지역에 따라 다른 것은 지형과 수심의 영향을 받기 때문이다. 예를 들어 간만의 차이가 가장 크게 나타나는 곳은 캐나다의 펀디 만이다. 캐나다의 뉴브런스위크와 노바스코티아 사이에 위치한 이 해역에서는 최고 간만의 차이가 21m나 된다.

이러한 조석 현상은 끊임없이 일어나면서 바닷물이 서로 고르게 섞이도록 한다. 그 결과 지구상의 모든 바닷물에 포함된 영양분과 이산화탄소와 산소의 양은 전체적으로 고르게 된다. 그러므로 바다 어디서나 모든 생물은 서로 먹고 먹히는 '먹이 사슬'을 이루며 살아갈 수 있다. 만일 일부의 물이 혼합되지 않고 고인 상태로 있다면, 그 바다는 이산화탄소와 산소가 부족하고 영양분도 없는, 생명체가 살 수 없는 환경이 될 것이다.

프랑스의 노르만디 해안에 있는 몽 생 미셸은 바위 위에 세워진 성이다. 이 바위 성은 만조 때가 되면 섬이 되고, 간조가 되면 모래땅이 14km나 드러난다. 이 지역은 프랑스에서 간만의 차가 가장 심한 곳이다(최대 12m). 수위가 높아도 건너 다닐 수 있는 제방은 1870년에 건설되었다.

다행하게도 남북극은 물론 가장 깊은 바다까지 그 어디에도 생명체가 살고 있다.

6-6. 광합성은 태양에너지로 물 분해

물을 분해하여 산소와 수소로 만들려면 많은 전력이 소요된다(6-9 참조). 그러나 식물은 전력을 사용하지 않고 태양에너지만 이용하여 물을 산소와 수소로 분해하고, 그들을 이산화탄소와 결합하여 포도당을 만든다. 이 과정을 '탄소동화작용' 또는 '광합성'이라 부른다. 이러한 광합성 작용은 고등식물만 하는

식물의 잎은 물과 이산화탄소를 이용하여 산소를 내놓으면서 영양분을 생산하고 성장하는, '무탄소 녹색성장'을 하는 화학공장이다.

것이 아니라, 물 속의 단세포 식물과 해조류 등 엽록소를 가진 모든 생물들이 하고 있다.

식물의 잎에서는 뿌리에서 빨아올린 물과 공기 중의 이산화탄소를 결합하여 포도당(전분의 주성분)을 만드는 동시에 산소를 내놓는다. 이 광합성 과정에는 잎의 세포 속에 있는 엽록소가 촉매작용을 한다. 광합성 작용을 화학식으로 간단히 나타내면 아래와 같다.

$$물 \xrightarrow[\text{태양 에너지}]{} 산소 + 수소$$

$$산소 + 수소 + 이산화탄소 \xrightarrow[\text{엽록소}]{} 포도당 + 산소$$

식물의 잎에서 만들어진 포도당은 생물체의 몸을 구성하는 탄수화물(전분), 지방, 단백질, 섬유소 등 모든 것을 만드는 기본 재료이다. 그러므로 생물체의 몸은 거의 전부가 물에서 온 것이다. 또한 물은 광합성 작용 중에 분해되면서 동물이 호흡하는데 필요한 산소를 내놓는 것이다.

광합성 작용으로 만들어져 몸을 구성하게 된 포도당과 지방질, 단백질, 섬유소 등은 분해될 때 에너지를 내놓는다. 모든 동식물은 이때 나오는 에너지를 이용하여 활동하고, 자라고, 번식도 한다. 그러므로 물이야 말로 '생명 그 자체'라고 할 수 있다.

6-7. 금속을 세공하는 물

매우 정밀하게 금속이나 광석을 자르거나 구멍을 뚫을 때 물을 사용하고 있다. 쇠를 자르기 위해 다이아몬드 칼이나 레이저 광선을 사용하면 뜨거운 열 때문에 변형이 되기 쉽다. 그러나 '수류 제트 커터'(water jet cutter)라고 부르는 금속절단 도구는 좁은 구멍(0.08~2mm)으로 고압의 물을 내뿜는다. 고압의 물을 고속으로 뿜으면 열이 나지 않는 훌륭한 칼이 된다.

금속 재단에 사용하는 물의 압력은 $1cm^2$의 면적에 4톤의 무게가 누르는 힘과 같다. 이런 '물칼'은 항공기나 우주선의 부속품을 제작할 때 사용된다. 특히 단단한 금속을 자르거나 구멍을 낼 때는 물에 연마 가루(강도가 높은 암석의 분말)를 섞어 분사하면 절단이 빠르다. 물칼을 사용하여 금속을 재단하면 워낙 미세하게 금속이 마모되기 때문에 쓰레기가 전혀 남지 않게 된다.

6-8. 보일러, 라디에이터, 냉각탑

자동차도 물이 없으면 운행이 불가능하다. 엔진 앞쪽의 라디에이터에는 냉각수가 담겨 있다. 냉각수는 엔진에서 발생하는 뜨거운 열을 냉각시켜주는 작용을 한다. 냉각작용을 해주는 물질로는 물보다 편리한 것이 없다.

화력발전소나 원자력발전소, 정유공장, 화학공장, 반도체공장, 대형 빌딩 등에는 반드시 거대한 냉각탑이 있다. 예를 들어 화력발전소에서 석탄이나 석유를 태워 물을 끓이면 일부 열은 보일러 밖으로 나와 발전소 주변의 기온을 높게 만든다. 그러므로 화력발전소에서는 굴뚝처럼 생긴 거대한 냉각탑을 세워 더운 공기나 수증기 등의 온도를 내리도록 한다. 독일에 있는 한 화력발전소는 세계에서 가장 높은 냉각탑을 가지고 있다. 이 냉각탑은 높이가 200m이고 직경이 100m나 된다. 일반적으로 정유공장에서는 1톤의 원유를 정제하는데 약 2톤의 냉각수를 사용하고 있다. 그렇지 않는다면 그 정유공장의 장치들은 고온이 되어 일할 수 없는 상황이 되며, 화재 위험까지 있다.

가정이나 사무실 등에서 실내를 따뜻하게 데워주는 보일러 속으로는 뜨거운 물과 수증기가 흐른다. 보일러를 사용하는데 있어 물보다 편리한 액체는 없다. 보일러의 물은 라디에이터에서 오래도록 열을 내어 실내를 따뜻하게 한다. 화재사고가 나면, 누구나 물부터 찾는다. 불을 끄는데 있어 물보다 효과적인 것이 없기 때문이다.

6-9. 연료전지는 물의 수소와 산소를 연료로 쓴다

물로 자동차를 달리게 할 수 있다. 그러나 물 연료는 석유처럼 불태워 에너지를 얻는 것이 아니다.

"미래의 자동차는 '연료전지'를 사용하게 될 것이며, 각국은 연료전지 개발 경쟁을 치열하게 하고 있다."는 식의 보도가 자

주 나온다. 연료전지는 물의 힘으로 전력을 생산하여, 그 전력
으로 자동차를 달리게 한다.

물은 산소와 수소로 이루어진 물질이라는 것을 모두 알고 있
다. 이 사실을 확인하려면 물에 + － 전극을 꽂아 전류를 흘려
주면, 음극(-)에서는 수소가 발생하고, 양극(+)에서는 산소가 발
생한다. 이것을 물의 '전기분해'라고 말한다.

물이 전기분해 되는 현상을 정반대로 일으키면, 다시 말해,
수소와 산소를 결합시키면 전기가 생겨난다. 연료전지란 바로
수소와 산소를 결합시켜 전기를 얻도록 한 장치이다. 실제로
연료전지는 '전지'가 아니라 수소와 산소를 반응시켜 전기를
생산하는 '발전기'의 일종이다. 이와 같은 연료전지는 화석연료
와 달리 이산화탄소라든가 공해물질이 포함된 재나 연기를 배
출하지도 않는다.

물 $\xrightarrow{\text{전기분해}}$ 수소 + 산소 $\xrightarrow{\text{촉매반응}}$ 물 + 전기 + 열

수 소 와
산소를 쉽
게 결합시
킬 수만
있다면, 물
로 달리는
자 동 차 를
만들 수
있게 된다.
그러나 이
화 학 반 응

연료전지의 힘으로 달리는 실험용 자동차이다. 자동차 뒤에 실
린 것은 산소와 수소를 저장한 탱크이다. 최근 개발되고 있는
연료전지는 물만 아니라 다른 물질도 연료로 사용하고, 전력 생
산 방법도 다양하다.

최초의 연료전지는 영국의 법률가이며 물리학자였던 윌리엄 그로브 경(William Robert Grove)이 처음 만들었다. 오늘날 연료전지는 '차세대 무공해 발전기'로 개발되고 있다.

은 그렇게 간단히 일어나지 못한다. 또한 연료전지를 만드는 비용도 많이 든다. 최초의 연료전지는 1839년 영국의 윌리엄 그로브(William Grove 1811~1896) 경이 만들었다.

만일 우주여행을 하는 우주선에 연료전지를 싣고 간다면, 우주선에서 필요한 전력을 생산하고, 반응 후 생산되는 물은 식수로 쓸 수 있다. 뿐만 아니라 재생된 물은 다시 수소와 산소로 만들어 연료전지의 연료가 될 수 있을 것이다. 또 연료전지를 가동시키면 물과 함께 열도 발생하므로, 그 열은 우주선 안을 따뜻하게 해줄 것이다. 1960년대에 미국의 항공우주국(NASA)은 작은 연료전지를 만들어 '제미니 5호' 우주선에 실어 실제로 우주선의 전력으로 사용하는 데 성공했다.

연료전지를 잘 동작시키려면(수소와 산소를 결합시키려면) 화학반응이 쉽게 일어나도록 하는 촉매(觸媒) 물질로 백금을 다량 사용해야 한다. 백금은 비싼 보석에 속하는 물질이어서 대량으로 사용하기 어렵다. 이 문제는 지금까지 연료전지 개발의 최대 걸림돌이 되어 왔다.

연료전지를 사용하려면, 수소와 산소를 얻기 위해 물을 계속 전기분해해야 하는데, 그러자면 많은 전력이 소모된다. 이러한 전력은 화석연료를 태워서는 안 되므로, 원자력이나 풍력발전

소, 태양전지발전소, 조력이나 조류발전소와 같은 곳에서 공급
받을 수 있어야 한다.

지난 30여 년 동안 세계 각국은 경제적인 연료전지를 개발하
는 경쟁을 해왔다. 최근 과학자들은 백금이 아닌 다른 촉매 물
질도 연구하고 있다. 연료전지를 연구하는 과학자들은, 머지않
아 냉장고 크기의 연료전지를 집안에 들여놓으면, 가정에서 필
요한 모든 전력을 생산할 수 있는 날이 올 것이라고 믿고 있
다. 오늘날 우리나라를 비롯한 세계의 유명 자동차회사들은 공
해도 없고, 지구를 온난화시킬 이산화탄소를 배출하지 않는 차
를 만들기 위해 경쟁적으로 연료전지를 연구하고 있다. 한국과
학기술연구원(KIST)에는 연료전지 연구센터가 있다.

6-10. 전기분해 외의 물 분해 방법

물은 좀처럼 분해되지 않는 매우 안정된 화합물이다. 전기분
해를 하지 않고 물을 수소와 산소로 분해하려면, 섭씨 2,500도
이상의 고온이 필요하다. 과학자들은 이처럼 높은 온도를 경제
적으로 얻기가 어려움으로, 훨씬 낮은 온도에서 물을 분해하는
방법을 연구하고 있다. 최근에 요드와 이산화황 등의 물질을
사용하여 섭씨 800도보다 낮은 온도에서 물을 분해하는 방법을
찾아냈다. 물을 쉽게 분해하는 방법은 화학자들이 가진 큰 꿈
의 하나이기도 하다.

6-11. 수소는 생각보다 폭발 위험이 적다

모든 물질 중에서 수소가 가장 가볍다. 그래서 과거의 비행
선은 수소를 넣어 공중에 뜨도록 만들었다. 1937년 5월 6일, 독
일 프랑크푸르트를 출발한 세계 최대의 비행선 '힌덴부르크
호'는 대서양을 횡단하여 미국 뉴저지 주의 레이크허스트 공군
기지에 도착했다. 이때 힌덴부르크 호는 갑자기 섬광을 내면서
불이 붙어 97명의 승객 중 36명이 사망하는 사고가 발생했다.

당시 사고 조사단은 비행선의 수소가 공기와 혼합하여 인화
함으로써 화염이 발생했다고 결론을 내렸다. 그 이후 사람들은
'수소는 폭발 위험이 있는 가스'라고 두려워하여, 풍선이나 비
행선에 수소를 채우지 않고, 그 대신 수소 다음으로 가벼우면
서 불타지 않는 헬륨 가스를 넣게 되었다.

그러나 미국 항공우주국의 과학자였던 에디슨 바인(Eddison
Bain)은 이 사고를 장기간 다시 조사하여, 힌덴부르크가 불탄
원인은 비행선의 표면에 칠한 인화성이 강한 도료가 공기 중의
정전기에 의해 점화되어 화재가 된 것이라고 다시 결론지었다.

수소가 위험한 가스임은 분명하다. 그러나 과학자들은 수소
는 가솔린과 같은 액체연료보다 안전하다고 생각한다. 가솔린
은 휘발성이 강하여 가스가 누출되면 불꽃에 의해 쉽게 인화된
다. 사실 휘발유 가스 때문에 발생하는 화재는 많다. 그러나 수
소 가스는 워낙 가볍기 때문에 공기 중에 나오면 금방 공중으
로 올라가면서 퍼져버림으로, 휘발유나 프로판가스보다 더 안
전하게 사용할 수 있다는 생각을 가지고 있다.

제 **7** 장

지구의 기상을 지배하는 물

비, 눈, 안개, 서리, 구름, 폭풍, 풍랑과 해류, 기압, 번개, 노을빛,
무지개 등은 태양 에너지에 의해 물에 변화가 일어남으로써
나타나는 현상이다. 물은 잠시도 가만있지 않는다. 컵에 담긴
물일지라도 그 안에서는 조금이나마 증발이 일어나고 있다.

7-1. 물의 순환

지구상의 물은 태양 에너지와 지구의 자전, 중력 등에 의해 끊임없이 물과 얼음과 수증기로 상태가 변하면서 위치를 이동하고 있다. 태양열에 의해 기체로 변한 수증기는 공중에서 구름이 되고, 구름에서는 비, 눈, 우박이 되어 다시 지상으로 내려온다. 지구상의 모든 물은 이처럼 순환한다. 물의 순환과 관계되는 여러 가지 문제들은 기상학이나 수문학의 최대 연구과제이다.

태양은 바다의 물을 해마다 수심 약 1.2m 정도를 증발(기화)

시켜 하늘로 올려 보낸다. 지상과 해상에서 상승한 수증기의 대부분은 지상 2~3km 높이에서 구름이 되면서(액화), 증발 때 태양에게 받은 에너지를 방출하여 기온

빗방울 중에 아주 작은 것은 직경이 0.5mm 정도이다. 작은 빗방울은 공기의 저항을 조금 받아 떨어지는 속도가 1초에 2m 정도이다. 직경 5mm 정도의 큰 빗방울은 초속 약 9m의 속도로 빨리 떨어진다.

을 따뜻하게 만든다. 온실처럼 열을 간직하고 있다고 하여, 이러한 현상을 '온실효과'라고 표현하고 있다.

강수(降水)는 대부분 바다로 직접 떨어지고, 일부가 육지에 내리지만 결국 바다로 돌아간다. 한편 일부의 물은 땅속으로 침투하여 식물과 동물의 생활에 이용된다.

7-2. 해류가 발생하는 이유

지구 표면을 덮고 있는 방대한 양의 바닷물은, 얕은 곳만 아니라 가장 깊은 곳의 물까지 전체가 끊임없이 이동하고 있다. 바닷물이 움직이도록 하는 주된 원인은 2가지이다. 첫째는 달의 인력과 지구의 자전에 의해 밀물과 썰물이 생기는 조석(潮汐) 현상이고, 두 번째는 열대 바다와 남북극 바다의 수온 차이에 의해 거대한 규모로 일어나는 대류 현상인 해류(海流))이다.

남북극 쪽의 바닷물은 적도 지역의 따뜻한 물보다 차고, 염분도 높기 때문에 무겁다. 그러므로 남북극 바다의 냉수와 적도 지역의 따뜻한 물은 북쪽 또는 남쪽으로 이동하는 대류(對流) 현상을 일으킨다. 이것이 해류이다.

대서양에서는 열대 멕시코 만에서 따뜻해진 물이 미국 동해안을 따라 북상하여 영국과 프랑스가 있는 곳으로 흘러간다. 이것을 '걸프 해류'라고 하며, 대양의 해류 가운데 가장 유속이 빠르다. 영국이 캐나다와 나란한 위도에 있으면서도 캐나다보다 따뜻한 것은 이 걸프 해류의 수온 덕분이다. 우리나라 남해안에서 동해 쪽으로는 태평양에서 올라오는 '쿠로시오 해류'가 흐른다. 그 외에 바다 위를 부는 바람이라든가 염도의 농도 차이 등에 의해서도 소규모로 해수의 이동이 일어난다.

바다의 물은 가장 깊은 곳에 있는 물일지라도 서서히 이동하여 순환되고 있다. 대양의 파도는 제자리에서 오르내리기만 하고, 수심이 얕은 해변의 파도는 해변으로 밀려올라온다.

바람은 수면을 움직여 파도를 일으킨다. 작은 파도 위로 바람이 계속 불면, 파고(波高)가 점점 높아져 노도(怒濤)가 되기도 한다. 육지로 둘러싸인 작은 바다에서는 파도가 일정 규모 이상 커지지 않는다. 그러나 대양(大洋) 위를 바람이 계속 불면 큰 파도가 된다.

파도는 그 자리에서 오르내리기만 할 뿐 바람에 밀려 이동하지는 않는다. 그러나 수심이 얕은 해변에서는 파도가 큰 위력을 가지고 해변으로 밀려 오르거나, 물보라를 일으키며 절벽을 두드린다. 폭풍이 일면 파고가 6m를 넘는 경우가 허다하다. 만일 해일(쓰나미)이 밀려오거나, 해저에서 화산이 폭발하면 10층 건물 높이의 파도가 발생하여 해안으로 밀려오기도 한다.

7-3. 물은 1년에 얼마나 증발하고 비로 내리나?

기상학(氣象學) 관련 연구 중에는 수문학(水文學) 또는 수리학(水理學)이라 부르는 분야가 있으며, 지구상에서 일어나는 물의 순환에 대해 깊이 연구한다. 수문학자들의 조사에 따르면, 태양 에너지에 의해 지구상에서 1년 동안에 증발하는 물의 총량은 약 50만 5000km³인데, 그중의 대부분인 43만 4000km³는 바다에서 증발하고 있다.

태양은 지구의 물을 데워 수증기로 만든다. 수증기는 작은 물방울로 변하여 구름이 된다. 사막지대는 증발할 물이 없어 증발량이 적다. 바람이 심한 곳은 증발이 많다. 또한 삼림지대에서는 바다에서만큼 많은 물이 증발하기도 한다.

지상에서 증발한 물은 다시 그만큼 비나 눈이 되어 지상으로 떨어지는데, 그중 39만 8,000km³는 바다에 내려 되돌아오고 있는데, 육지에 내린 강수는 대부분이 강으로 흘러들어 며칠 사이에 바다로 가고, 일부만 땅으로 스며든다.

지구상의 바다에서 증발이 제일 심하게 일어나는 곳은 태양에너지를 가장 많이 받는 적도 바다일 것처럼 생각된다. 그러나 실제로 적도지대의 하늘은 구름이 자주 덮고 있어 증발이 가장 많지는 못하다. 지구상에서 바닷물이 제일 잘 증발하는 곳은 홍해이다. 이곳은 기온이 높기도 하지만 비가 좀처럼 내리지 않는 건조한 곳이기 때문이다. 그래서 홍해는 염분 농도가 최고로 높은 바다이며, 1년 동안에 약 3.5m 수심의 물이 증발되고 있다.

7-4. 태풍을 일으키는 대양(大洋)의 수증기

열대지역의 공기는 따뜻하기 때문에 가벼워지고, 극지방의 대기는 기온이 차서 무겁다. 그 결과 가벼운 더운 공기는 위로 올라가고, 그 빈자리로 무거운 찬 공기가 밀려오게 된다. 그에 따라 적도지역의 더운 공기는 높이 올라가 북쪽으로 이동하고(북반구의 경우), 북극 지역의 찬 공기는 적도 쪽으로 밀려가게 된다.

열대 바다의 공기 속에는 많은 양의 수증기가 포함되어 있다. 수증기는 고공으로 오르면서 냉각되어 구름을 형성하고, 태풍(또는 허리케인)으로 발달하기도 한다. 북반구에서 태풍이 시계가 도는 방향으로 회전하는 것은(태풍 사진 참고) 지구가 자전하고 있기 때문이다. 북반구에 발생한 태풍이 시계 방향으로 돌면서 북상하게 되는 현상을 물리학에서 '코리올리 효과'라고 한다.

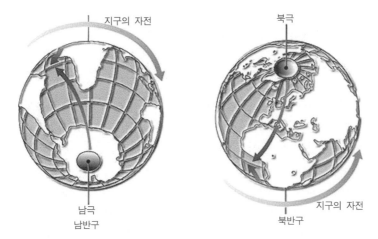

남반구에서 보면(왼쪽 그림) 구름이나 해수는 시계 반대 방향으로 움직이고, 북반구에서는(오른쪽 그림) 시계방향으로 이동하게 된다. 이러한 현상을 '코리올리 효과'라 한다.

북반구에서 발생한 태풍(또는 허리케인)은 시계가 도는 방향으로 돌면서 북상한다. 이렇게 회전하는 것은 지구의 자전 영향을 받기(코리올리 효과) 때문이다.

7-5. 구름은 왜 변화가 심한가?

마음이 잘 변하는 사람을 보고, '구름처럼 변한다'는 표현을
잘 사용한다. 말이 힘껏 달리는 모습을 가진 구름, 천국으로 올
라가는 계단처럼 보이는 구름도 있다. 어떤 구름은 너무 희미
하여 구름인지 아닌지 구분하기도 어렵다. 구름은 순간순간 그
모양이 변한다.

구름은 모양만 아니라 색체도 다채롭다. 저녁노을의 구름은
황홀하도록 아름다운 광경을 보여준다. 사람들은 여름에 하늘
높이 솜덩이처럼 피어오르는 구름을 '뭉게구름'이라 한다. 그러
나 이것은 문학적인 표현이고, 기상학자들은 '적운'(積雲,
cumulus)이라 부른다. 반면에 소나기나 폭우가 담긴 번개가 치
는 먹구름은 두려움까지 주지만, 이 역시 적운에 속한다.

대표적인 구름의 종류 중에 층운(層雲, stratus), 난운(亂雲,
nimbus), 권운(卷雲, cirrus)이 있다. 층운은 수평선과 나란히 펼쳐
진 비교적 낮은 구름(안개구름)이고, 난운은 비를 머금은 검은
구름으로 2,500~4,600m 높이에 생긴다. 권운은 매우 높은 하늘
에 새의 깃털처럼 생긴 구름을 말한다. 이들 구름은 서로 혼합
된 형태를 만들기도 하므로 그 모양에 따라 몇 가지 다른 구름
이름이 있다. 구름의 모양은 발생 지역, 그 때의 바람, 기온, 흘
러가는 곳의 지형 등에 따라 변한다. 바람이 강한 날은 구름의
형태 변화가 더욱 심하다.

냄비에 물을 끓이면 수증기는 위로 올라간다. 이와 마찬가지
로 지상에서 증발하여 상공으로 올라가는 수증기는 찬 공기를
만나 수없이 많은 작은 물방울로 응결하여 구름이 된다. 유리
창에 입김을 불었을 때, 유리면에 물방울이 생기는 것과 같은
이치이다. 구름처럼 보이는 안개는 지상과 만나는 곳에 수증기

하늘의 구름은 엄청난 양의 물을 저장하고 있다. 홍수가 나도록 큰 비가 내릴 때 그것을 실감한다. 구름이 희게 보이는 것은 구름의 물방울이 빛을 잘 반사하기 때문이다. 또 노을빛이 붉게 보이는 것은 물방울 속으로 들어간 햇빛이 굴절을 일으키면서, 파장이 긴 푸른색의 빛은 많이 흡수되고 파장이 긴 붉은빛이 주로 투과해 오기 때문이다.

가 응결하여 발생한 것이다.

구름 속의 물방울은 왜 쉽게 떨어지지 않는 것일까? 지상의 공기가 태양빛을 받아 더워져 고공으로 올라가는 것을 상승기류(上昇氣流)라 한다. 구름의 작은 물방울은 상승기류 때문에 쉽게 땅으로 떨어지지 않고 바람 따라 이동하고 있다.

어떤 날은, 조금 전까지 보이던 구름이 순식간에 사라지고 푸른 하늘로 변하기도 한다. 이런 날은 상공으로 올라간 따뜻한 기류가 구름의 물방울을 그대로 증발시켜, 연기처럼 구름이 사라지도록 한 것이다. 반면에 구름이 저온의 기류를 만나면, 작은 물방울끼리 붙어 크고 무거운 빗방울이나 우박이 되어 아래로 떨어진다.

7-6. 아침의 기상 – 안개, 서리, 이슬

이른 아침에 풀이 무성한 오솔길을 걸으면 풀잎에 맺힌 이슬에 금방 신발과 바지가 젖어버린다. 그러다가 햇살이 비치기 시작하면 이슬은 차츰 사라진다. 이슬이란 공기 중의 습도가 높아 수증기 상태로 머물 수 없을 때 생긴다. 밤이 깊어져 자정이 가까운 시간이 되면 기온이 많이 내려가 그때부터 여분의 수증기는 서로 응결하여 이슬이 된다. 풀잎에 맺힌 이슬은 마치 풀잎에서 솟아난 것처럼 보인다.

이슬은 머리 위의 키 큰 나무의 잎보다 지면 가까운 풀잎에 더 많이 생겨난다. 이것은 땅의 습기 때문에 지면 가까운 곳의

여름철 맑은 날 아침이면 풀잎이나 나뭇잎, 꽃잎, 철로, 자동차 지붕, 거미줄 등에 맺힌 수많은 작은 물방울인 이슬을 자주 볼 수 있다. 아침 이슬은 물이 만드는 대자연의 아름다운 경이의 하나이다. 이런 이슬에 아침 해가 비치면, 모든 이슬방울은 수백만 개의 보석처럼 반짝인다.

식물의 경우, 뿌리에서 빨아올린 수분의 양이 식물체 내에 너무 많으면, 여분의 물은 잎의 숨구멍을 통해 배출되어 잎 끝이나 가장자리에 물방울이 되어 매달린다. 이것을 '넘치는 액체'라는 의미로 '일액(溢液, guttation)이라 부른다. 일액과 이슬은 발생 원인이 이렇게 다르다.

습도가 공중보다 더 높기 때문이다. 만일 이슬이 맺는 밤의 온도가 영하로 내려가면 수증기는 물방울이 되지 않고 직접 얼음이 된다. 이것이 서리이다. 유리컵에 얼음물을 담아두면, 컵 주면에 물방울이 맺힌다. 이것 역시 이슬이다.

바위나 수피는 동식물이 살기에 메마른 환경이다. 그러나 이런 바위에도 이끼류가 붙어 살고, 바위틈에는 고사리류와 작은 식물들이 비집고 자란다. 이들 식물이 생존하는데 필요한 물은 평소 아침 이슬로부터 공급받는다. 이끼가 자라는데 성공하면 그 틈새에는 눈에 잘 보이지 않는 미세한 곤충과 하등동물들이 살아갈 수 있게 된다.

7-7. 안개가 많이 발생하는 곳

짙은 안개를 만나면, 이게 구름인가 안개인가 구분이 되지 않는다. 그러나 안개도 구름이며, 다만 안개는 지상에 붙어 있는 구름일 뿐이다. 이른 아침에 호수에 가면, 잔잔한 수면에서 안개가 아름답게 피어오르는 광경을 본다. 비가 내린 뒤 하늘이 개이면 산골짜기에서도 안개가 생겨나 선경(仙境)을 만든다. 화가나 사진가들은 이런 장면을 작품으로 만들기 좋아한다. 그러나 비행장을 뒤덮은 안개는 항공기의 이착륙에 큰 위협이 된다. 고속도로 상이나 바다에 안개가 껴도 위험하다.

안개는 지역에 따라 잘 발생하기도 하고 그렇지 않는 곳이 있다. 세계에서 안개가 가장 많이 끼는 곳은 캐나다 동부 뉴펀들랜드 섬 주변으로 알려져 있다. 1년 중 200일 이상 안개가

아침 안개가 호수를 덮고 있다. 안개는 옅은 때도 있고 몇 미터 앞이 보이지 않을 정도로 짙을 경우도 있다. 흐리거나 비오는 날에는 좀처럼 안개가 발생하지 않는다. 밤 동안 기온이 내려간 아침에 안개가 잘 생긴다. 안개가 개고 나면 대개 맑은 하늘이 나온다.

심하게 발생하는 이곳에서는, 남쪽 걸프 만에서 올라오는 난류
(暖流)와 북쪽에서 내려오는 라브라도 한류(寒流)가 만난다. 그
러므로 난류와 함께 올라온 대량의 습기는 찬 기온을 만나 쉽
게 안개로 변한다.

수증기는 기체 상태의 물이므로 눈에 보이지 않는다. 하얀
안개는 이미 액체 상태의 작은 물방울로 변한 것이다. 공기 중
에 포함된 수증기 양의 정도(습기)를 '습도'라 하고, 수증기가
더 이상 포함될 수 없을 정도로 포함되면, 이를 포화습도(습도
100%)라고 한다. 만일 포화습도보다 습기가 더 많아지면 '과포
화습도'(過飽和濕度)가 되어, 이때 수증기끼리 서로 결합하여
작은 물방울(안개 입자)이 된다.

안개가 만들어질 때나 빗방울이 생겨날 때는 그 중심에 지극
히 작은 입자(먼지, 연기, 화산재 등)가 있어야 그것('핵'이라고
부름)을 중심으로 물의 분자들이 뭉치게 된다. 만일 공기 중에
핵이 되는 먼지가 없다면 안개나 빗방울이 형성되기 아주 어렵
다. 그런데, 먼지라고는 거의 없을 것 같은 태평양 한 가운데서
도 안개가 생겨난다.

선원들은 바다에서 발생하는 안개를 매우 조심한다. 바다의
안개를 '해무'(海霧)라고 부른다. 안개의 핵이 될 먼지가 없는
바다에 안개는 어떻게 생길까? 파도 위로 바람이 지나가면 파
도에서 튀어나온 작은 물방울이 증발하고, 소금 입자가 남아
공기 중에 날리게 된다. 이것이 해무의 핵이 된다.

7-8. 인공 비를 내리는 방법

조상들은 비가 오래도록 오지 않으면, 비 내리기를 하늘에
기원하는 기우제(祈雨祭)를 지냈다. 기우제는 지금도 하고 있다.

비가 내리는 것은 전적으로 하늘에 맡겨진 일이다. 그러나 인류는 원할 때 비를 내리게 하고, 반대로 비를 멈추게 할 수도 있기를 원해왔다.

20세기 초부터 기상학자들은 인공적으로 비를 내리게 하는 인공강우(人工降雨) 방법을 연구해왔으며, 1950년대 이후에는 실제 실험도 하고, 비가 필요할 때 시도하기도 했다. 지난 2008년 중국에서 개최된 베이징 올림픽 때, 중국은 올림픽 경기장에 비가 내릴 것을 염려하여, 하늘에 구름이 생기면 미리 구름을 비로 만들어 쏟아지도록 했다. 이런 인공강우가 실시되는 동안 세계의 기상학자들은 중국 정부에 대해 유감을 나타냈다. 왜냐 하면, 중국의 기상학자들은 인공강우 실험을 하고도 그것을 논문으로 발표하지 않았기 때문이다.

옥화은을 뿌리고 지나간 하늘에 구름이 생기고 있다. 인공 비를 내리게 하면 반기는 사람도 있고, 반대로 싫어하는 직업을 가진 사람도 있다. 기상을 인공적으로 조절하면 다른 재해가 발생할 수 있으므로 주의가 필요하다.

사람들은 가뭄이 심할 때만 비를 원하는 것이 아니다. 안개가 끼어 비행기가 이착륙하지 못하게 된 공항에서는 안개를 비로 만들어버리기를 희망한다. 사막지대에서는 비가 절실히 필요해도 인공강우를 하기 어렵다. 왜냐 하면 그 하늘에는 비가 될 수 있는 수증기가 매우 부족하기 때문이다. 인공강우를 하려면 공기 중의 습도가 높거나, 구름이 충분히 있어야 한다. 이런 조건일 때 '옥화은'(화학식 AgI)을 연기처럼 만들어 그 입자를 비행기에서 뿌리면, 옥화은의 작은 입자가 빗방울이 응결하는 핵('구름의 씨' 라고 말함)이 되어 비를 내리게 한다.

옥화은을 사용하는 인공강우는 미국의 기상학자 버나드 보네구트(Bernard Vonnegut 1914~1997)가 1947년에 처음 개발했다. 인공강우에 사용하는 옥화은은 물에 녹지 않고, 그 분자 구조가 얼음의 결정 구조를 닮아 빗방울을 잘 만든다. 또한 이 물질은 인체에 별다른 피해가 없는 것으로 알려져 있다. 오늘날

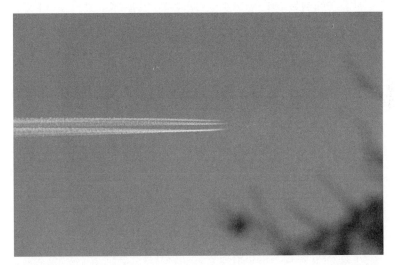

고공에 제트기가 지나간 뒤에는 구름이 꼬리처럼 생긴다. 이러한 '비행운'(飛行雲)은 연료가 연소할 때 생긴 수증기가 고공의 찬 기온 때문에 응결하여 만들어진다. 겨울철에 자동차의 머플러에서 나오는 하얀 수증기도 마찬가지이다.

인공 비를 만드는데 세계적으로 매년 약 50,000kg의 옥화은이 사용되고 있으며, 한 차례 실험에 10~50그램이 쓰인다.

인공적으로 비를 내리게 하는 또 다른 방법으로는, 비행기에서 드라이아이스를 뿌리는 것이다. 공연 무대에서 드라이아이스를 송풍기로 뿜어내면, 무대가 순식간에 하얀 안개로 싸인다. 드라이아이스는 이산화탄소를 고체화시킨 것이므로, 공기 중에 나오면 빠르게 기체로 되면서 부피가 팽창한다. 기체의 부피가 급팽창하면 주변의 열을 흡수하므로, 기온이 내려가, 마치 겨울철 우리의 입김처럼, 주변의 수증기가 응결하여 작은 물방울로 변한다. 그러므로 드라이아이스를 사용해도 인공 비를 만들 수 있다. 이 방법은 1947년에 처음 개발되었다.

인공강우 기술은 그 동안 큰 진보가 없었다. 그러나 앞으로 기상 변화가 심하여 가뭄이 극심해지고, 수자원이 부족한 상황이 올 때를 대비하여 조금씩 연구가 이루어지고 있다. 또한 중동 산유국에서는 이 방법으로 담수를 얻을 수 있기를 바라고 있다.

7-9. 세상을 백색으로 바꾸는 눈

아침 창밖이 하얀 눈세계이면 모두가 환호한다. 눈처럼 짧은 시간에 세상을 아주 다른 모습으로, 그것도 순백의 천지로 변화시키는 것은 없다. 겨울 가뭄에 애타던 사람들은 물 걱정이 줄게 되어 좋아하고, 스키장에 갈 수 있겠다고 반기는 사람도 있다. 하지만 눈길을 운전해야 하거나, 도로상의 눈을 치워야 하는 사람들은 잠시 어려움을 겪는다.

비와 눈은 지상의 모든 생명체가 의존하는 담수의 근원이다. 비와 눈은 생명의 물일뿐만 아니라, 지상에 덮인 먼지와 오물

을 씻어 내려 청소를 해준다. 먼지로 뒤덮인 도시 상공에 내리
는 비와 눈은 공기 중에 가득하던 공해 먼지를 말끔하게 씻어
준다.

눈이 많이 내려 세상이 하얗게 변한 뒤에는 일반적으로 춥
다. 흰 눈은 태양 에너지를 잘 반사해버리므로 햇살이 나도 기
온이 잘 오르지 못하기도 하지만, 눈이 녹을 때는 열을 흡수하
기 때문에 추위가 지속된다.

지상에서 증발되어 올라간 수증기(물 분자)가 찬 기온 때문
에 빗방울이 되지 못하고, 기체 상태에서 고체인 얼음 결정이
된 것이 눈이다. 눈이 만들어 질 때도 그 중심에 먼지와 같은
핵이 있어야 한다. 이 핵을 중심으로 물 분자가 계속하여 붙으
면, 물 분자의 구조 때문에 아름다운 6각형 결정체의 눈이 만
들어진다. 작은 눈송이 하나는 수억 개의 물 분자가 결합한 것
이다.

눈이 쌓이면 사람들은 스키를 비롯하여 스노보드, 스노모빌, 개썰매 등의 겨울
스포츠를 즐긴다.

눈송이 하나는 매우 작지만, 눈송이끼리 수십 수백 개가 붙으면 커다란 함박눈 눈송이가 된다. 눈이 구름에서 땅으로 내려오는 동안 기온이 높아 눈의 결정이 녹으면 물이 되어 '진눈개비' 상태로 떨어진다.

자동차가 파묻히도록 폭설이 내려도 그것을 비(물)의 양으로 따지면 얼마 되지 않는다. 예를 들어, 기온이 비교적 온화할 때 내리는 촉촉한 눈은 10~12cm를 녹이면 약 2.5cm의 물이 되지만, 건조한 눈이라면 약 38cm를 녹여야 겨우 2.5cm의 물이 된다. 농촌의 비닐하우스 위에 눈이 많이 쌓이면 내려앉아 손해를 입는다. 이럴 때 젖은 눈이면 더욱 무겁다.

육상에 내린 비는 금방 강을 거쳐 바다로 가지만, 눈은 한동안 녹지 않고 땅 위에 머물게 되므로 '물의 순환'은 느리다. 특히 극지방의 빙하에 내린 눈은 순환에 수천 년이 걸릴 수도 있다.

산야에 쌓인 눈은 봄에 녹아내려 귀중한 수자원이 된다. 만

눈은 외부의 온도를 차단하는 훌륭한 보온작용을 한다. 북극곰은 눈 속에 판 굴에서 동면하고, 에스키모들은 눈 집 속에 보금자리를 만들었다.

눈의 6각형 결정 모습을 확대경이나 현미경으로 보면, 어느 눈송이도 같은 모양이 없다. 그 이유는 수많은 물 분자가 결합하는 동안 기온과 습도, 바람 등의 상황이 언제나 변하고 있기 때문이다.

일 눈이 내리지 않는 겨울을 만나게 되면 봄 가뭄을 심하게 겪어야 한다. 그 때문에 농부들은 겨울에 눈이 적당히 쌓이기를 바란다. 또한 밭에 심어둔 다년생 작물이 눈으로 덮이면, 눈이 이불처럼 외부의 찬 기온을 막아주는 보온작용을 하므로 작물들은 동사하지 않고 추위를 잘 견디게 된다.

남북극이나 고산의 한랭한 곳에 내린 눈은 빙하가 된다. 빙하 위의 눈은 기온이 낮아 증발이 어렵다. 그러므로 조금 내린 눈이라도 오래도록 쌓여 빙하를 이루게 된다.

7-10. 인공 눈 만드는 방법

겨울철이 임박하면 스키장에서는 아직 눈이 내리지도 않고, 기온이 영하로 내려가지 않았는데도, 인공 눈 제조기('제설기'

제설기는 강력한 송풍기를 작동하여 눈을 멀리 뿌린다. 제설기는 그 모양 때문에 영어로는 눈 총(snow gun) 또는 눈 대포(snow cannon)라고 한다.

또는 '눈 대포'라고 부름)를 사용하여 눈을 만들어 슬로프에 뿌리고 있다. 슬로프 위에 인공 눈을 충분히 덮으면, 눈이 오지 않아도 스키를 즐길 수 있게 된다. 이런 인공 눈은 눈이 부족할 때도 만들고, 스키 계절을 연장할 때도 제조한다.

인공 눈은 섭씨 2도 이하일 때 효과적으로 만들어지므로, 주로 기온이 떨어진 밤에 제조한다. 인공 눈을 만들 때는, 작은 물방울을 고압 공기와 함께 좁은 구멍을 통해 분출한다. 구멍으로 분출된 고압의 기체는 팽창하면서 주변의 열을 흡수하여 기온을 내리므로 함께 분사된 물방울은 온도가 내려가 잔잔한 얼음조각(인공 눈)으로 변한다. 이 인공 눈은 자연의 눈처럼 아름다운 결정체도 아니고, 자연 눈만큼 좋지는 않지만 스키를 타는 데는 지장이 없다.

눈 대포(제설기)로 인공 눈을 제조하려면, 고압 펌프로 대량의 물을 높은 곳으로 올려야 하고, 연료 소모가 많은 강력한

압축기(컴프레서)와, 눈을 날릴 송풍기 등을 사용해야 하기 때
문에 많은 비용이 든다.

7-11. 눈과 우박은 다르다

우박은 여름에 소나기와 함께 잘 쏟아진다. 우박이 생기는
과정은 눈이 만들어질 때와는 다르다. 우박은 원래 빗방울이었
다. 빗방울이 지상으로 내려올 때, 강한 상승기류를 만나면 공
중으로 떠밀려 올라가 고공에서 얼음 알맹이가 된다. 이것이 땅
에 떨어진 것이 우박이다.

우박 중에 큰 것은, 작은 우박이 내려오던 도중에 강한 상승
기류의 작용으로 다시 공중으로 올라가고, 또 내려오기를 몇
차례 반복한 결과이다.

고공의 기온이 낮으면 구름 속의 물방울은 얼음 알맹이(우박, hail)가 된다. 이 얼
음 입자가 상승기류의 변화에 따라 오르내리는 사이에, 주변에 물방울이 붙으면서
얼었다 녹았다 하면, 매우 굵은 우박이 되기도 한다. 기상관측 역사상 가장 큰 우
박은 직경이 15cm나 되었다.

7-12. 밤 기온이 급강하하는 사막

제2차 세계대전 때, 아프리카의 사막지대에서 근무하게 된 미국과 영국 등의 병사들은, 일찍이 경험하지 못한 밤낮의 기온 변화에 매우 당황하지 않을 수 없었다. 정오 가까운 낮이면 폭염이 쏟아져 모래 위에 계란을 프라이할 수 있을 정도로 뜨겁다가, 밤이 되면 뼈에 스며드는 추위로 벌벌 떨어야 했다. 하루 사이에 혹독한 여름과 겨울이 바뀌고 있었던 것이다. 사막의 기온이 밤낮으로 크게 변하는 것은, 공기 중에 수증기가 거의 없기 때문이다.

바다나 호수, 또는 강들이 있는 곳에는 공기 중에 수분이 많고, 주변에 사는 식물에서도 수증기가 발산된다. 대기 중의 수

사막의 낮 기온은 섭씨 50도를 넘기도 한다. 그러나 밤이 오면 영하에 가까운 온도로 내려간다. 사막지대의 공기 중에는 습기가 적기 때문에 밤에는 별들이 아주 밝게 보인다.

증기는 열을 오래도록 가지고 있다가 밤에 천천히 방출한다. 그래서 물은 '열용량이 매우 큰 물질'이라고 말한다. 물은 모래보다 5배, 철보다는 약 10배나 높은 열용량을 가졌다

물리학에서, 1그램의 물을 데워 섭씨 1도만큼 온도를 높이는 데 필요한 열량을 '1칼로리'라고 말한다. 그래서 '물의 비열 (比熱)은 1'이라고 정하고 있다. 비열은 다른 물질과 비교했을 때 필요한 열량의 비이다. 모래의 비열은 0.2이고, 쇠의 비열은 0.1이다.

물과 매우 비슷한 모양을 가진 액체인 에틸알코올은 비열이 물의 절반(0.535)이다. 순수한 에틸알코올은 섭씨 78.5도에서 끓어 증기로 되지만, 좀처럼 얼지 않아 영하 117.3도 이하로 내려가야 얼음 상태가 된다. 그러므로 알코올이 섞인 술은 물보다 아주 낮은 온도에서 언다.

7-13. 습도가 높으면 불쾌지수 상승

기온이 섭씨 30도를 넘는 여름철에 습도까지 높으면, 후덥지근하여 사람들은 심한 불쾌감을 느낀다. 땀이 빨리 증발해야 열을 흡수하여 시원해질 것인데, 습도가 높으면 땀이 마르지 않으므로 더위가 식지 않는 것이다. 또한 습기는 가지고 있던 잠열까지 내놓으면서 작은 물방울이 되기도 하므로 더욱 후덥지근하게 만든다.

미국의 한 기상학자는 온도와 습도를 곱하여 불쾌한 정도를 나타내는 '불쾌지수'라는 공식을 만들었다. 이 공식에 따르면 온도가 오를수록, 그리고 습도가 높을수록 수치가 올라간다. 불쾌지수 계산 공식은 화씨온도를 사용하는데, 계산 결과 수치가 80~85이면 모든 사람이 불쾌감을 느끼고, 그 이상이면 아주

불쾌지수가 높은 날, 피부에 땀구멍이 없는 개들은 혀를 길게 내밀어 체온을 냉각한다. 불쾌지수와 체감온도 계산법은 일반인이 하기에는 복잡하다.

심한 불쾌감을 느낀다. 그런데 이 공식에서는 풍속이라든가 태양이 비치는 정도 등은 감안하지 않고 있으므로 완전하게 적절한 수치는 아니다. 그러나 더운 계절이 오면, 일기예보 때 이 수치를 자주 발표하고 있다.

많은 사람들은 온도와 습도가 높은 증기탕에서 '시원하다!'고 하면서 장시간 앉아 땀을 흘리기도 한다. 이럴 때는 불쾌지수라는 말이 부적당해 보인다.

겨울이 오면, '불쾌지수' 대신 '체감온도'(體感溫度)라는 기상 용어가 자주 등장한다. 같은 기온이라도 바람이 강하게 부는 곳에서는 바람이 없는 곳보다 더욱 춥게 느껴진다. 이것은 바람이 체온을 빨리 뺏어가기 때문이다. 체감온도는 그날의 기온에 바람의 속도를 곱하여 계산한다.

7-14. 번개는 왜 구름에서 생기나?

전기라고 하면 일반 사람들은 발전소에서 집과 공장으로 송전해오거나, 건전지에서 나오는 전기를 생각한다. 물방울로 가득한 구름에 전기가 생긴다는 것은 상상이 잘 되지 않는다. 그러나 전기란 독자의 손에도 있고, 이 책의 종이에도 있다.

세상의 모든 물질은 원자로 구성되어 있다. 원자의 핵은 양전기를 가진 양성자와 음전기를 가진 전자, 그리고 중성을 가진 중성자를 가지고 있다. 전자는 마치 벌집 주변의 벌떼처럼 핵 주변을 빙빙 돌고 있으며 양성자와 전기적으로 균형을 이루고 있다. 때때로 이러한 전기적인 상태에 균형이 깨진다. 겨울에 옷을 입거나, 문고리를 잡거나 할 때 전기가 튀어 충격을 받는 경험을 자주 한다. 이것은 옷을 입고 벗을 때, 양탄자 위를 걸을 때, 빗으로 머리카락을 빗을 때, 마찰에 의해 전자의

구름에서 번개가 발생하는 원인에 대해서는 아직 확실한 이론이 없다. 일반적으로 수증기가 공중으로 올라가는 동안 공기와 마찰하여 물방울에 음전기가 생긴 때문이라고 설명한다. 구름의 전기가 지상으로 흘러드는 속도는 초속 약 22만 km이며, 전류가 흐르는 곳의 온도는 섭씨 약 3만도에 이른다. 그 때문에 순식간에 주변 공기가 뜨거워져 빛이 발생하고, 그 열에 의해 주변 공기가 급팽창하여 충격파를 일으킨다. 이때 고온의 영향으로 공기 중의 질소가 산소와 화학반응을 일으켜 산화질소가 되어 빗물에 녹아든다. 이때 생겨난 산화질소는 자연이 제공하는 식물의 질소 비료이다.

일부가 나가버린 결과이다. 전자를 잃은 물질은 전기적인 균형이 깨어지면서 양전기를 띠게 된다. 이럴 때 전기가 잘 흐르는 물체를 만지면 순간적으로 전자가 흘러(전류의 흐름) 버린다. 이렇게 방전을 하고 나면 다시 전기적인 균형을 이루게 된다. 감전 충격은 이 순간에 인체가 느끼는 감각현상이다.

구름과 지상의 물체 사이에 전기가 흐르는 것도 같은 현상이다. 구름에는 물방울만 있는 것이 아니라 먼지라든가 바다의 염분도 있다. 수증기나 염분 등이 공중으로 올라가는 동안 공기와 마찰하면 전자를 잃게 된다. 그러면 일부 구름은 양전기를 갖게 되고, 일부 구름은 전자를 얻어 음전기를 갖는다.

양전기를 가진 구름이 지상 가까이 오면, 구름의 양전기에 이끌려 지상에 음전기(전자)가 모이게 되고, 어느 순간 지면의 전자가 구름으로 순식간에 끌려간다. 이때 번개가 친다. 번개가 번쩍일 때는 엄청난 에너지의 전기가 순간적으로 흐르는데, 밝게 빛나는 곳의 온도는 섭씨 수만 도에 이르기도 한다. 이때 고열 때문에 공기가 갑자기 팽창하여 폭음을 내는 것이 천둥소리이다.

번개가 심한 날, 구름의 전기가 인체를 통해 땅으로 흐르면 생명이 위험하다. 1년에 벼락으로 죽는 사람이 세계적으로 수천 명에 이른다. 그러나 대자연의 번개 현상은 지구상의 생명체가 살아가는데 꼭 필요한 현상의 하나이다. 왜냐하면 번개가 치는 순간, 그 에너지에 의해 공기 중의 질소와 산소가 화학적으로 결합하여 산화질소가 합성되기 때문이다. 산화질소는 식물이 자라는데 필요한 중요한 질소비료가 된다.

여름과 가을에 걸쳐 열대 태평양에서 발생하여 아시아대륙 북쪽으로 이동하는 저기압을 일반적으로 태풍이라 한다. 태풍을 이루는 거대한 소용돌이는 모두 물이다. 태풍은 1시간에 16~97km의 속도로 불고, 평균 1,600km의 직경을 가지며, 1시간에 약 40km의 속도로 이동한다. 발생한 태풍이 소멸하기까지는 수 주일이 걸린다.

7-15. 무지개는 물과 빛의 합작품

비온 뒤 하늘에 거대하게 나타나는 둥그런 무지개를 바라보는 사람은 누구나, 지구상에서 볼 수 있는 가장 황홀한 광경의 하나라고 생각한다. 무지개는 오래도록 옛 사람들의 신비였다. 그래서 나라마다 무지개에 대한 신화들이 있다. 노르웨이에서는 '무지개가 신이 사는 곳과 인간이 사는 세상을 연결하는 다리'라고 전해왔다. 구약성서에서는 온 세상이 물에 잠기는 '노아의 홍수' 후에 신께서 더 이상 비를 내리지 않겠다는 약속으로 보여주시는 것이 무지개라고 이야기해주고 있다.

무지개의 원인을 과학적으로 밝힌 최초의 과학자는 위대한 물리학자 아이자크 뉴턴이다. 그는 1666년에 프리즘을 이용하여 무지개가 빛의 굴절에 의해 생긴다는 사실을 설명하고 증명해보였다. 그래서 사람들은 무지개의 원인을 일반적으로 빛이 굴절하는 성질로 설명한다. 그러나 물을 연구하는 과학자의 입장에서 보면, 물이 없다면 하늘에는 무지개가 생겨나지 않는다. 무지개는 빛의 광학적 성질과 물의 물리적 성질이 함께 작용하여 생겨난다. 물이 빛을 굴절하여 만드는 빛의 현상에는 무지개만 아니라 햇무리와 달무리(moonbow, lunar rainbow)도 있다.

무지개는 비온 뒤 하늘에 남은 작은 물방울 속으로 햇빛이 들어가 그 내부에서 반사되어 나오면서 굴절하여 생겨나는 빛의 스펙트럼이다. 일반적으로 무지개는 일곱 가지 색이 있다고 말하지만, 사실은 모든 범위의 색이 그 속에 다 포함되어 있다.

무지개는 여름에 잘 보이고 겨울에는 보기가 어렵다. 그 이

무지개는 태양이 있는 반대쪽에 보이며, 바라보는 사람과 약 40~42도 각도에 보인다. 밝은 색의 1차 무지개 바깥에 희미하게 생기는 2차 무지개는 약 50~53도 각도에서 보인다. 무지개는 태양이 이동하기 때문에 곧 사라진다.

유는 겨울에는 비가 내리더라도 고공의 물방울이 얼음 입자가 되어버리므로, 물방울과는 다르게 빛을 굴절하기 때문이다. 지상이나 해상에서 볼 때 무지개는 거대한 반원처럼 보인다. 그러나 비행기를 타고 높은 하늘에서 본다면 둥그런 원의 무지개를 볼 수 있다.

해나 달이 엷은 구름에 가려 있을 때, 그 주변을 둥그렇게 둘러싸는 희미한 붉은빛과 노란색 빛으로 이루어진 빛의 테를 '무리'라고 한다. '햇무리'는 낮에 볼 수 있고, '달무리'는 달이 밝을 때 잘 보인다. 이런 무리가 생겼을 때 해나 달을 가리고 있는 구름은 권층운(솜털구름)인데, 그 구름은 매우 높은 하늘에 있으며, 얼음 입자(빙정)로 이루어져 있다.

햇무리가 생기는 이유는, 이 얼음 입자에서 빛이 굴절되거나

반사된 때문이다. 햇무리나 달무리가 나타나면 저기압의 따뜻
한 공기층이 가까이 오고 있음을 알려준다. 그래서 이런 무리
가 보이면, 8시간이나 12시간 후에 비나 눈이 오는 경우가 많
다. "저녁에 무지개를 본 목동은 다음날 날씨를 걱정하지 않고,
아침에 무지개를 보면 그날의 날씨를 걱정한다."는 속담이 유
럽에는 전해져 왔다.

7-16. 산성비는 왜 내리나?

사람들이 시원한 맛을 느끼며 즐겁게 마시는 탄산수는 물에
이산화탄소를 녹인 것이다. 이산화탄소가 물과 화학적으로 결
합하면 약한 산성을 띠는 '탄산'(H_2CO_3)이 된다. 빗물은 증발한
수증기가 응결한 것이므로, 증류수처럼 중성(pH 7)일 것으로
생각한다. 그러나 빗물은 공기 중의 이산화탄소와 결합하여 탄
산이 되기 때문에 약한 산성(pH 6 이하)을 띤다.

1960년대 말까지만 해도 '산성비'라는 말이 없었다. 산성비는
화학공장과 화력발전소 등에서 석탄과 석유를 태웠을 때 나온
연기 속의 이산화황(SO_2)이나 이산화질소(NO_2)와 같은 산성 물
질이 빗방울에 녹아들었기 때문에 주로 생기고 있다.

만일 빗물의 산도가 pH 5.6보다 낮은 값이라면, 그 빗물은
산성비이다. 자연적으로 강한 산성비가 생기는 경우는 화산이
폭발하여 황이 포함된 가스가 대량 분출할 때이다.

정도가 심한 산성비는 식물의 잎과 뿌리가 생장하는데 피해
를 준다. 그러므로 산성비가 많이 내리는 숲은 나뭇잎이 붙어
있지 못하고 떨어지며, 심하면 수목들이 죽게 된다. 산성비가
흘러든 호수의 물은 물고기와 수생동식물이 살기 어렵고, 그런
물로 농사를 지으면 농작물도 제대로 성장하지 않는다.

오래도록 산성비를 맞은 대리석 조각 작품이 녹아내려 흉한 모습이 되었다. 산성비는 대리석의 주성분인 석회와 화학반응을 일으켜 서서히 녹인다. 나무가 강한 산성비를 맞으면, 잎이 떨어지고 차츰 고사(枯死)한다. 강한 산성비가 고인 호수는 수중에 생물이 살기 어려워 물빛이 유난히 맑다.

산성비를 많이 맞은 숲의 낙엽은 산성화되어 있다. '산성 낙엽'에는 부패균이 잘 증식하지 않아 낙엽이 썩는데 긴 시간이 걸리는 현상이 나타난다. 그 때문에 이런 숲 바닥에는 낙엽이 두텁게 깔리며, 산성 낙엽이 깔린 숲에 삼림화재가 발생하면 불이 잘 번지기도 하려니와, 잔불이 오래도록 꺼지지 않아 진화한 불이 다시 살아나기 쉽다.

제 **8** 장

저탄소 녹색성장의 주역은 물

대기 중의 이산화탄소 증가에 의해 지구의 평균 기온이 오르자,
빙하가 녹아내려 해수면이 높아지고 있다. 높아진 기온은 대기
중의 수증기 양을 증가시켜 기온을 더욱 높이고 있으며, 기상에
변화를 일으켜 지구 곳곳에 가뭄과 홍수의 재난을 안겨주고
있다. 지구를 온난화시키는 것도 물이고, 이를 방지하는 방법도
물에 있다. 녹아내리는 빙하와 만년설, 상승한 해수면, 대기 중의
수증기, 가뭄과 홍수 이 모두가 물이다.

8-1. 템스 강 하구를 막은 방조제

영국은 1974년부터 1984년까지, 런던의 템스 강 하구에 바다로부터 홍수처럼 밀려드는 조류를 가로 막기 위해 템스 방조제(防潮堤)를 건설했다. 1982년부터 수문을 여닫고 있는 이 방조제는 전체 길이가 약 700m이며, 그 중앙에 길이 약 66m, 높이 10.5m의 수문 4개와 보조 수문 2개가 설치되어 있다. 대형 수문 4개는 180도 회전하여 방조제를 개폐할 수 있도록 하고 있다.

템스 방조제는 고조(高潮) 때 폭풍이 불거나 하면 바닷물이 템스 강 상류로 밀려들어 저지대를 수몰시키는 현상이 나타나

영국 런던의 템스 강에는 예전과 달리 높은 수위의 밀물이 밀려들어 와 강변에 수해를 일으켰다. 영국은 이 템스 방조제를 건설하여 수위가 높아진 밀물을 막고 있다. 이런 방조제 시설이 여러 나라의 강 하구에 필요하게 되었다.

면서 건설이 시작되었다. 이 방조제는 간조(干潮)가 시작되면 수문을 다시 열어 상류의 강물이 바다로 나가도록 한다.

템스 방조제의 수문은 1980년대 동안에는 1년에 겨우 1,2번 닫을 필요가 있었다. 그러나 해가 갈수록 수문을 닫는 횟수가 늘어나 2008년에는 100번 이상 닫아야 했다. 만일 지금의 추세로 해수면이 높아간다면, 2030년에는 이 템스 방조제의 제방을 더 높이 쌓아야 할 것이라고 한다.

8-2. 기온이 높으면 강우량이 감소한다

빗방울 하나가 떨어진다면, 그것은 수십억 년 전부터 지구에 있던 물이다. 지구상의 물은 처음 탄생한 이후 더 늘지도 않고 줄지도 않았다. 그러나 지구의 기온이 변하면 하늘에서 떨어지는 비의 양에 변화가 생긴다.

물은 지구 속에 갇혀 바다와 하늘과 땅 사이를 끊임없이 순환하고 있다. 호수나 강에 있는 물이라면 며칠 또는 몇 주일 사이에 하늘로 올라갔다가 다시 지상으로 비가 되어 내려올 수 있다. 그러나 깊은 바다나 빙하 또는 지하 깊숙한 곳의 물은 순환되기까지 수천 년이 걸릴 수 있을 것이다.

바다, 호수, 강에 있는 물은 태양열에 의해 기화하여 하늘로 올라간다. 또 식물의 잎에 있는 기공(氣孔)에서도 많은 물이 증산(蒸散)하고 있다. 이 모든 수증기는 대기 중에서 다시 응결하여 구름을 이루었다가 비나 눈, 우박이 되어 지상으로 내려온다. 지상에 떨어진 물은 여러 경로를 거쳐 다시 공중으로 올라가거나 바다로 흘러간다. 또 일부는 토양 틈새로 스며들어 지하수가 된다. 이러한 '물의 순환'은 끝없이 계속된다.

여름에는 습도가 높고 겨울에는 습도가 낮다. 이것은 대기의 온도가 높으면 공기 중에 더 많은 습기를 포함할 수 있게 되기 때문이다. 지구 온난화에 의해 지구의 대기 온도가 높아지면, 그때는 공기 중에 포함될 수 있는 수증기의 양은 많아진다. 그러나 비나 눈으로 내려올 강수량은 줄어들게 된다. 그렇게 되면 지상에서는 물 부족 사정이 더욱 악화되고 만다.

8-3. 온실효과는 물이 주도한다

오늘에 와서 대부분의 신문과 방송 등은 거의 매일 온실효과 때문에 지구의 기온이 높아져 빙하가 녹고, 그 때문에 바다의 수위가 높아져, 전례 없이 강한 태풍이 불고, 심한 가뭄이 계속되거나, 큰 홍수가 발생한다는 보도를 하고 있다. 온실효과를 일으키는 주범은 공장과 화력발전소, 자동차 등에서 배출되는 이산화탄소, 메탄, 프레온 가스 등이다. 그러나 실제로 지구의 온도가 높아지도록 가장 많이 작용하는 주역은 물이다.

다른 천체와 달리 지구만이 기온이 따뜻하면서, 온도 차가 크지 않은 원인은, 지구가 물을 가득 담고 있기 때문이다. 지구 표면 전체의 평균 기온은 섭씨 약 14도인데, 만일 화성이나 목성처럼 지구의 대기 중에 수분이 전혀 없다면, 지구의 평균기온은 지금보다 약 32도 낮은 영하 18도로 내려갈 것이라고 과학자들은 추정한다. 기온이 이토록 차다면, 지구상에는 화성이나 다름없이 생물이 살기 어렵다.

지구 표면은 대기층이 둘러싸고 있다. 이 대기층은 태양에서 오는 적외선(열에너지)의 약 30%를 지구 밖으로 반사하고, 나머지 70% 정도는 흡수한다. 그 결과 지구의 기온은 온실 속처럼 태양열이 보존되어 따뜻한 환경이 되고 있다.

중요한 점은, 태양열을 잘 흡수하여 기온을 따뜻하게 유지시켜주는 것이 이산화탄소 등의 온실가스가 아니라, 물(공기 중에 포함된 수증기)이 주역이라는 점이다(물은 다른 물질에 비해 열을 흡수하여 잘 보존하는 특성을 가졌다.). 그러면 온실 효과를 일으키는 주 원인이 왜 '온실 가스' 때문이라고 말하고 있는가?

과거 수만 년 동안 지구 대기에 포함된 수증기의 양은 큰 변화가

수학자이며 물리학자인 포리에(Joseph Fourier)는 1824년에 온실효과에 대한 이론을 처음 발표했다.

없었다. 그러나 지난 100여 년 사이에, 특히 1950년대 이후, 세계적으로 산업이 발달하면서 과거 어느 때보다 많은 양의 이산화탄소와 메탄가스, 산화질소, 프레온가스(냉동기의 냉매로 사용하는 가스) 등을 대량 배출하게 되었다. 이 가운데 석탄이나 석유가 연소할 때 나오는 이산화탄소는 그 양이 특히 많아 제일 심하게 온난화 작용을 한다(8-4 참조).

그래서 이들 기체들을 '온실 가스'라 부르고, 온실 가스 때문에 기온이 높아지는 현상을 '온실 효과'(greenhouse effect)라 말하는 것이다. 온실 효과라는 용어가 꼭 적절하지는 않지만, 1824년에 이런 현상을 처음 발견한 프랑스의 과학자 조셉 포리에(Joseph Fourier 1768-1830)가 사용한 용어이기에 따르고 있다.

지구 표면은 상당 부분이 눈이나 얼음으로 덮여 있다. 이곳은 태양 에너지를 반사하여 지온이 너무 오르는 것을 막아준

다. 그러나 얼음이 녹아버리고 땅이 드러나면, 지표면은 태양에
너지를 더 많이 흡수하게 되고, 기온은 더욱 빨리 높아지게 된
다. 그러므로 지구온난화를 막지 못한다면 재앙은 점점 더 빨
리 찾아올 것이 분명하다.

8-4. 지구 온난화는 최악의 재앙

지난 1970년 이후 오늘에 이르는 기간에 인류는 전보다 70%
나 많은 온실 가스를 배출하고 있으며, 날로 그 배출량이 늘어
간다. "온실효과가 심해져 지구의 평균 기온이 높아지면, 위도
가 높은 추운 지방까지 농사를 할 수 있게 되어, 식량을 더 많

지난 1세기 동안 지구의 기온은 약 0.6도 상승했다. 2100년까지 그대로 간다면
지구의 기온은 섭씨 1.4~5.8도 상승하여, 바다의 수면은 지금보다 평균 42cm
더 높아질 것이라고 과학자들은 경고하고 있다.

이 생산할 수 있게 되지 않을까?" 하고 생각하기 쉽다.

그러나 기온이 높아지면, 바다로부터 더 많은 양의 수증기가 증발하고, 증가한 수증기는 비가 되지 않고 대기 중에 기체 상태로 남아 있게 된다(공기는 온도가 높으면 더 많은 습기를 포함한다). 대기 중에 습기가 많으면 온실 작용은 더욱 증가하여 기온은 계속하여 오르게 된다. 그 결과 비는 적게 내리고, 빙산과 고산의 만년설은 더 빨리 녹아내려, 최후에는 빙하가 없는 맨땅이 될 것이다. 그 사이에 바다의 수위는 계속 높아지고, 그 결과 해변의 저지대는 바다 밑으로 들어가게 되어, 바닷가의 대도시들과 농토는 대재앙을 당하게 된다.

이러한 재앙은 이미 이탈리아의 해변도시 베니스와 같은 곳에서 일어나고 있다. 지난 1900년 이후 2,000년 사이에 바다의 수위는 약 18cm 상승했다. 그러나 앞으로 100년 후에는 지금보다 25~58cm(평균 42cm) 정도 더 높아질 것으로 예측하고 있다.

지구의 기온이 오르면 상상하기 어려운 기후 변화가 발생한다. 대규모 폭풍과 홍수, 가뭄, 해일, 물 부족, 폭설 등의 재난을 겪게 되는 것이다. 이런 기상 변화는 근년에 와서 매년 새로운 모습으로 나타나고 있다. 최근 들어 세계의 여러 스키장이 적설량 감소로 운영에 어려움을 겪는 것도 재난의 하나이다. 또한 이런 기후 변화는 지구의 생태계를 크게 교란시킬 것이다.

8-5. 온실 효과를 줄이려는 세계의 협약

2007년 IPCC는 '21세기 말에는 해수면이 약 42cm 상승하여 많은 해안 지역과 섬들이 수몰할 것'이라고 보고했다. IPCC는 기구 온난화에 대비한 종합적 대책을 강구하는 유엔 산하 전문가 조직이다.

과학자들은 "오늘날의 인류가 온실 효과를 멈추도록 적극적으로 노력하지 않는다면, 지구의 환경 변화는 인류를 멸망으로 몰아갈 것이다."라고 경고하고 있다. 그래서 유엔(UN)에서는 '지구의 온실효과를 억제하는 사업', 즉 '온실가스 감축 계획'에 모든 국가가 의무적으로 참여하도록 강력하게 추진하고 있다.

온실가스 문제가 심각해지자, 유엔은 지난 1992년에 브라질에서 192개국이 참가한 가운데, 세계의 모든 국가가 온실가스를 의무적으로 감축하기로 하는 협약을 했다. 이때의 협약을 '유엔기후변화협약'(UN Framework Convention On Climate Change, UNFCCC)이라 한다.

1997년에는 일본 교토에서 다시 UNFCCC 총회를 열어, 각 나라가 온실가스 배출을 1990년 수준으로 감소하도록 적극적으로 노력하기로 하는 '교토의정서'(Kyoto Protocol)를 채택했다. 이 계획은 의도대로 잘 이루어지지 않았다. 2007년에는 인도네시아에서 13번째 UNFCCC 총회를 열어, 2013년부터는 모든 나라

2007년 인도네시아의 발리에서 개최된 유엔기후변화협약 총회장. 온실가스의 증가로 발생하는 기온 상승은 강우량 변화라든가 빙하의 감소, 해수면 상승과 같은 물 환경에 가장 큰 문제를 안겨주고 있다.

가 규정된 범위까지 온실가스를 의무적으로 감축하기로 의결했다.

온실가스를 줄이는 방법은 여러 가지로 연구되고 있다.

* 경자동차 이용
* 연료 소모가 적은 선박(해상과 수로에서)과 기차를 이용한 물류 운반
* 화석연료 사용을 줄이고, 원자력 에너지(핵분열 및 핵융합 에너지)를 적극 개발
* 그린 에너지(풍력, 조력, 조류, 연료전지 등) 개발
* 물 소모가 적은 영농기술 개발
* 삼림 넓이기
* 폐기물 줄이기(재활용 포함)

* 대기 중의 이산화탄소를 강제적으로 줄이기 위해, 이산화탄소를 수집하여 고체(드라이아이스)로 만들어 깊은 해저에 보관하기 등 여러 방안이 강구되고 있다.

2009년부터 우리나라 정부는 '저탄소 녹색 성장'이라는 이름으로, 이산화탄소 배출량을 줄이는 정책을 펼치면서 경제발전을 추진해가고 있다.

반기문 유엔 사무총장은 취임 후, '지구 온난화 방지'를 위한 일을 유엔이 해야 할 가장 중요한 사업의 하나로 삼고 있다.

8-6. 네덜란드는 해수면 상승을 대비한 모델 국가

네덜란드는 국토의 태반이 북해의 거친 파도로부터 위협을 받고 있다. 세계에서 인구밀도가 가장 높은 나라의 하나인 이 나라는 12세기 때부터 해안 둘레에 제방을 쌓고, 그 제방 속의 바닷물을 풍차와 펌프로 퍼내어 국토를 확장해 왔다. 그리하여 오늘날 네덜란드는 국토의 절반이 해수면보다 낮은 조성지(造成地)이다. 암스테르담 공항의 활주로는 해발 -4m이고, 로테르담 부근은 해발 -9m이다.

지난 1953년 2월 1일, 네덜란드에서는 북해의 높은 파도를 못 이겨 남서 해안을 가로막은 제방이 100여 곳에서 무너지는 사건이 발생했다. 이때 약 16만 헥타르의 국토가 물에 잠기고 1,800여명의 사람이 생명을 잃었다. 네덜란드 역사상 최대의 비

네덜란드는 사진과 같은 제방이 국토의 절반을 둘러싸고 있다. 도로가 나 있는 이 제방은 지구 온난화로 수위가 높아져도 해수를 막아주는 역할을 할 것이다.

극이었다.

대홍수 이후 네덜란드 정부는 이러한 재해를 미리 방지하기 위해 '델타계획'이라는 25개년 건설계획을 세우고 추진하기 시작했다. 그 계획은 옛 제방 바깥쪽에 새로운 콘크리트 제방을 건설하여 북해의 물을 막는 것이었다. 이 계획을 추진하는 동안 구불구불하던 해안선을 직선으로 펴서 전체 해안선 길이를 720km나 짧게 만들었으며, 해수면보다 낮은 땅에는 북해에서 파 온 토사로 메우는 작업도 했다.

오늘날 세계 도처에서 해수면 상승으로 육지가 침수되고 있다. 이런 곳에서는 네덜란드가 방조제를 건설한 것과 비슷한 방법으로 국토를 보전(保全)해야 할 것이다.

8-7. 당장 전 국토가 수몰되는 나라

바다의 수위가 점점 높아짐에 따라 국토가 물에 잠겨 국민이 살아갈 땅이 없어질 위험에 놓인 나라들이 여러 곳에서 발생하고 있다. 인구가 많은 빈국(貧國)이며, 홍수가 잦은 방글라데시에는 '볼라'라는 최대의 섬이 있다. 최근 이 섬의 절반이 바다에 잠기게 되자, 약 50만 명의 섬 주민들이 이미 육지의 대도시로 옮겨갔다. 그들 대부분은 도시 빈민가에서 더욱 어려운 생활을 하게 되었다.

남태평양의 섬나라 '키리바시'는 국토 전부가 물에 잠기게 될 사정에 이르자, 그 나라는 국민 전부가 이주하여 살 수 있는 땅을 외국에서 매입하기를 희망하고 있다. 사모아 섬 가까이 있는 '투발루'라는 인구 1만 6,000명의 작은 섬나라도 같은 사정에 있다. 그들이 살고 있는 마을의 집들은 점점 바닷물로 덮여 머지않아 전국토가 수몰될 형편에 있다.

세계에서 4번째로 작은 나라인 남태평양의 '투발루'는 도시의 많은 부분이 이미 수몰되어 사람들이 살 수 없는 형편이다. 이 나라도 국토를 사서 전 국민이 이주할 수 있기를 바라고 있다.

　인도양의 관광국으로 잘 알려진 '몰디브'라는 나라도 국토를 외국에서 매입하려는 노력을 하고 있다. 이런 사정은 인도네시아의 여러 섬에서도 일어나고 있다. 인도네시아는 1만 6,000여 개의 섬이 있는데, 이 섬들 중에 2,000여 개가 수몰될 위험에 있다.

제 9 장

식수와 건강수健康水

건강과 위생에 대한 의식이 높아지면서 많은 사람들은 몸에
좋은 물을 끊임없이 찾고 있다. 강과 호수는 인간에게 필수적인
식수만 아니라 휴식과 즐거움을 주는 아름다운 경관을 제공한다.
그러나 인구의 증가와 산업의 발달에 따라 물은 부족해지고, 그
수질은 갈수록 악화되고 있다. 각 나라는 수자원을 충분히
보유하고, 그 수질을 보호하는 일에 최선을 다하고 있다.

9-1. 수자원은 왜 부족해지나?

유엔의 보고에 따르면, 식수조차 안전하게 구하기 어려운 인구가 36억 명에 이르고, 세균과 공해물질에 오염된 물 때문에 매년 300만 명 이상의 사람이 병에 걸려 목숨을 잃고 있다고 한다. 국제기구의 하나인 경제협력개발기구(OECD)가 2005년에 내놓은 발표에 따르면, 현재 25개 정도의 나라가 물 부족 상태에 있는데, 서기 2020년이 되면 52개국에 사는 30억 명 이상의 인구가 물 부족을 겪을 것이라고 전망했다. 그런데 여기에는 한국도 포함되어 있다.

물은 인간의 삶에서 공기와 마찬가지로 중요한 존재이다. 농업에서는 인류가 사용할 수 있는 물(수자원) 전체의 70%를 이용하고 있다. 공장에서도 물이 없으면 아무 일도 하지 못한다.

우리나라의 경우, 깊은 지하수나 사람이 살지 않는 계곡의 물은 대부분 정수하지 않고 자연 그대로 먹는다. 강이나 호수의 물은 공기 중의 산소 원자(오존)에 의해 살균작용이 일어나 자연히 정화된다.

물로 여러 가지 물질을 용해시키고, 물속에서 화학반응을 일으키며, 뜨거운 것을 냉각시키고, 필요 없는 것은 씻어낸다. 농업에 쓰는 물은 농업용수라 하고, 공장과 산업에 쓰는 물은 산업용수라 하며, 식생활에 사용하는 것은 '생활용수'라 부르고 있다.

운하에 담긴 물과 강물은 수송에 이용된다. 그러므로 갈수기가 되어 운하와 강의 물이 마르면 수송도 다른 방법으로 이루어져야 한다. 물이 부족하면 오염물질이 희석되지 않아 수질이 더욱 악화되는 현상도 일어나게 된다. 생활 폐수와 공장 폐수 등으로 수자원이 오염되고 있는데, 물이 부족하면 이러한 현상은 심각해지는 것이다.

9-2. 우리나라의 수자원 사정

우리나라는 비교적 수자원이 넉넉한 나라이다. 그러나 가뭄이 장기간 계속되면 논밭이 갈라지고, 농작물이 말라죽으며, 지하수가 마르고, 강과 냇물에 살던 수생동식물이 죽음을 맞게 된다. 또한 폐수가 흘러든 하천은 악취로 가득하게 된다.

우리나라는 지난 30년간의 통계를 볼 때, 1년 동안에 평균 1,245mm의 비가 내리는데, 세계의 평균 강우량인 880mm보다 많은 편이다. 그러나 우리나라는 인구밀도가 높기 때문에, 나라 전역에 내리는 비의 총 양(약 1,245억 톤)을 인구수로 나누면, 세계 평균의 1/8에 불과하다. 오늘에 와서 우리나라는 수자원을 잘 관리하지 않으면 안 되는 나라가 되었다.

우리나라 지형은 전국토가 산이 많기 때문에 비가 내리면 경사를 따라 흘러내려 금방 바다로 나가버린다. 또 대부분의 비는 여름과 초가을에 걸쳐 내리고 있다. 한꺼번에 내리는 비는

홍수가 되거나 하여 대부분이 바다로 흘러나가 버리므로 저장
해 두고 사용할 수 있는 수자원이 되지 못한다.

그러므로 연중 수자원을 잘 이용하려면 저수시설을 훌륭하게
갖추어야 한다. 특히 앞으로는 산업 발달에 따라 수자원의 수
요가 급격히 늘어나는 상황이므로, 저수지라든가 댐, 운하, 수
로 등을 잘 관리하여 많은 물을 확보할 수 있어야 한다. 만일
수자원 확보에 실패한다면 산업과 경제발전을 지속하기 어렵게
된다.

9-3. 수돗물을 공급 관리하는 한국수자원공사

우리나라의 경우 한강이 흐르는 수도권에는 약 2,000만 명을
넘는 인구가 살고 있다. 그러므로 수도권 사람들이 먹고 사용
하는 수돗물(상수도)은 거의 전부 한강 수계(水系)에서 취수(取
水)하고 있다. '한국수자원공사'는 팔당호를 비롯하여 한강의
여러 댐을 모두 상수원(上水源) 보호구역으로 정하고, 오염물질
을 배출할 가능성이 있는 축산이나 산업시설과 같은 오염원(汚
染源)에 대해 까다로운 상수원 보호 제도를 적용하고 있다. 한
국수자원공사는 전국의 수자원을 종합적으로 개발하고 관리하
여, 원활하게 물을 공급하고 수질을 보호 개선하는 업무를 담
당하는 국가기관이다.

9-4. 수돗물은 어떻게 생산되나?

지구상에는 많은 물이 있지만, 식수로 이용할 수 있는 양은

전체 수량의 1%도 되지 못한다. 오늘날 대부분의 도시인들은 수도를 통해 공급되는 물을 식수로 사용한다. 우리나라의 경우 수돗물의 수원은 강과 호수에서 취수(取水)한다. 그 물은 가정으로 보내기 이전에 깨끗한 물이 되도록 여러 정수(淨水) 과정을 거친다. 수돗물 처리 과정은 대략 다음과 같다.

1) 저장된 물의 취수
2) 낙엽이나 쓰레기 등의 제거
3) 물속에 부유하고 있는 미세한 흙먼지의 침전
4) 침전하지 않은 흙먼지를 걸러내는 여과
5) 물속의 세균 살균

수돗물을 여과할 때는 모래와 숯가루를 여러 층으로 쌓은 여과탱크 속으로 물을 통과시킨다. 이 과정에 흙먼지와 세균이 거의 걸러진다. 만일 세균까지 완전히 걸러내도록 초미세(超微細) 여과를 하려면 극히 작은 구멍이 있는 여과막(濾過膜)을 사용한다.

취수장에서부터 수도꼭지까지 물이 오기까지는 물에 포함된 흙먼지를 여과하고 세균을 죽이는 정수 과정을 거친다. 수돗물에서 나는 염소 냄새는 물에 세균이 없음을 알려준다.

수돗물을 살균할 때는 일반적으로 염소(鹽素) 소독법을 쓴다. 경우에 따라 자외선을 사용하기도 한다. 물에 염소(Cl)를 투입하면, 물과 반응하여 염산과 산소 원자가 발생한다. 이때 생긴 염산과 산소 원자는 강한 산화작용을 하여 대장균을 비롯하여 거의 모든 박테리아와 바이러스, 아메바 등을 죽인다. 염소는 원래 기체이므로, 이것을 소독제로 사용할 때는 고압 처리를 하여 만든 액화 염소를 이용한다. 수영장에서도 염소를 사용하기 때문에 염소 가스 냄새가 난다.

염소를 수돗물 소독에 이용하기 시작한 것은 100여 년 전부터이며, 염소 소독을 하게 된 이후 수인성(水因性) 전염병을 대부분 방지하게 되었다. 수돗물에서 풍기는 염소 냄새를 맡으면 '인체에 해가 없는지' 염려되지만, 소독에 사용하는 낮은 농도의 염소는 영향이 없다.

염소 가스 외에 식수 소독에 '하이포염소산칼슘'[$Ca(ClO)_2$]이라는 흰색 분말을 사용하기도 한다. 이 화학물질은 염소와 마찬가지로 탈색제로도 쓴다. 사람들은 수돗물에서 풍기는 염소 냄새를 좋아하지 않는다. 그러나 물을 받아 하루 정도 놓아두면 염소 냄새는 대부분 사라진다. 염소 소독을 한 수돗물이라면, 1~2일간은 물에 떨어진 세균까지 살균하는 작용을 가진 물이라고 생각할 수 있다.

현재 많은 가정에서는 지하수(약수)나 병에 담아 파는 생수 또

병에 담아 파는 음료수는 수돗물 값보다 10,000배 정도 비싸다. 그러나 물병에 넣어 파는 물의 양은 해마다 10% 이상 증가하고 있다. 페트병에 담긴 물은 약 40%가 지하수나 미네랄워터이고, 나머지는 정수 장치를 거친 물이다. 페트병 생산과 재생 과정에도 많은 비용이 들어간다.

는 정수기 물을 먹기 때문에 소독약 냄새를 더욱 싫어하게 되었다. 그래서 정수장에서는 살균 효과를 유지하면서 최소한의 냄새가 나도록 노력하고 있다.

어항에서 물고기를 키울 때 수돗물을 그대로 넣어주면 고기들이 죽기도 하는데, 하루 이상 받아둔 물을 사용하면 그 사이에 염소가 날아가 버려 안전하다.

실내 풀장에서 매일 수영하는 사람은 머리카락 색이 탈색되어 갈색으로 변하기도 하는데, 이것은 소독약에서 발생하는 산소의 산화작용으로 머리카락 속의 멜라닌 색소가 탈색된 때문이다.

자연재해 등으로 식수를 구할 수 없을 때, 구명병에 구정물이라도 담아 따르면 몇 초 안에 맑은 물이 걸러져 나온다. 이 병에 사용하는 필터 1개는 4,000~6,000ℓ 의 물을 여과할 수 있다 한다.

9-5. 전쟁터나 야외에서 좋은 식수 구하기

오늘날 수돗물을 살균하는데 약품을 사용하는 방법은 제2차 세계대전 때 미국 육군이 전쟁터에서 물을 간단히 살균하여 마시기 위해 개발된 것이다. 당시에는 물 소독제로 하이포염소산 칼슘을 사용했다. 지금도 야외에서 식수를 살균하려면 하이포염소산을 구입하여 사용하면 된다.

지난 2007년에는 영국의 식수 사업가인 '미첼 프리차드'씨가 '구명병'(求命瓶, Life Saver Bottle)이라고 이름을 붙인 특별한 식수 여과 병을 발명했다. 그가 만든 구명병은 15나노미터보다 큰 입자는 전부 여과하는 필터가 달려 있어, 구정물을 담아도 잠깐 사이에 마셔도 좋은 맑은 물만 나온다. 이 병은 먼지와 세균 그리고 대부분의 바이러스까지 걸러낸다 (1나노미터는 100만분의 1mm).

그는 2004년 동남아시아에서 엄청난 해일(쓰나미)이 발생했을 때와, 미국 남부에 '카트리나 허리케인'이 불었을 때, 수해를 입은 주민들이 며칠씩 식수 없이 지내며 고생하는 것을 보고, 이 구명병을 발명하게 되었다. 현재 구명병은 군사용으로만 사용되고 있다.

9-6. 수질 오염의 주범들

인간이 살지 않는다면 지구의 물은 얼마나 깨끗할까! '수질 오염'이란 인간이 지구에 있는 물을 더럽히는 것을 말한다. 인구가 증가하고 산업이 발달하면서 수질 오염 상황은 점점 악화되어 왔다. 수질 오염이 심화되면 인간만 아니라 어떤 생물도 살지 못하는 세상으로 되고 만다. 공해물질로 오염된 물을 '오수'(汚水)라 부른다.

바다와 호수, 강과 같이 지구의 표면에 있는 물은 '표면수'라 하고, 반대로 지하의 물은 '지하수'라 부른다. 세계의 모든 나라는 표면수와 지하수의 오염을 방지할 법률을 만들어 물을 보호하려 하고 있다. 수질 오염 방지 노력은 선진국일수록 철저히 한다. 그러나 수질은 날로 악화되고 있다. 물을 오염시키는 중요 요소들은 다음과 같다.

화학적 오염 — 세탁비누, 음식물 쓰레기, 살충제(농약), 제초제, 석유류, 솔벤트(화학 용제), 화장품, 의약품, 기타 화공약품 등은 대부분이 인체에 유독하다. 이들 외에 화학비료, 중금속, 건축자재, 쓰레기를 태운 재, 바다에서는 침몰 난파선 등도 물을 화학적으로 오염시킨다.

물리적 오염 — 각종 쓰레기, 플라스틱 폐기물, 건축 자재, 어선의 폐그물 등. 특히 바다에 떠다니는 플라스틱 병들은 태풍 등에 의해 한 곳에 모여, 우리나라 남북한 면적보다 30배나 넓은 범위의 바다를 온통 뒤덮고 있기도 하다.

병균의 오염 — 공장 배수구나 하수구를 통해 함부로 버린 물에는 각종 세균이 들어 있다. 이 세균들은 수인성 질병의 원인이 된다. 큰 비가 내릴 때를 기다려 오수를 버리는 범법 행

호수나 연못의 물이 평소에 흐리거나, 녹색이 되거나, 해캄(녹조류) 등이 대량 번식하면 유기물이 많이 포함된 물이다.

위를 하는 경우도 있다.

수온의 변화 — 대규모 공장이나 발전소 등에서 냉각되지 않은 물을 버려 강이나 바다의 수온을 높인 경우, 생태계에 영향을 준다. 화력발전소가 있는 근해에 해파리가 대량 증식하는 경우가 자주 있다.

물의 색과 혼탁도 변화 — 물에 오염물질을 버리면 색이 변하고 혼탁해진다. 탁한 물은 태양빛이 깊이 침투하지 못한다. 비료 성분이 많이 흘러든 물은 영양분이 너무 많은 상태('부영양화'라고 함)가 되어, 녹조(綠藻)가 대량 발생하므로 물의 색이 진한 초록으로 변한다. 이런 물에서는 죽은 녹조가 부패하면서 이산화탄소를 대량 생성하여, 다른 동식물이 살기 어려운 '산소가 부족한 물'로 변한다.

9-7. 수질검사 내용들

수질검사는 매우 전문적이며 복잡하다. 일반적으로 수질 검사는 물리학적 검사, 화학적 검사, 생물학적 검사 세 가지를 한다.

물리학적 검사 — 물의 색, 혼탁도, 물의 온도 등

화학적 검사 — BOD 검사, COD 검사, DO 검사, 질소와 인(화학비료 성분) 검사, 구리·아연·카드뮴·납·수은 등의 중금속의 양을 조사한다.

BOD(Biological Oxygen Demand) 검사는 '생물학적 산소 요구량'(또는 '생화학적 산소 요구량')이라는 의미이며, 그 수치가 낮게 나올수록 오염이 적은 물로 간주한다. 매우 청정한 물에는

세균이 적게 들었을 것이고, 오염이 심할수록 미생물이 많이 포함되어 있게 마련이다. 물속의 미생물은 산소를 소비하므로, 미생물이 적으면 산소를 조금 소비할 것이고, 많으면 산소를 대량 소모할 것이다.

이러한 생각에서, 일정한 양의 물을 떠서 섭씨 20도에서, 빛이 없는 장소에 5일간 두었다가 그 물에 포함된 산소의 양을 화학적으로 측정한다. 만일 소비된 산소의 양이 1ℓ

가재는 식수로 사용할 수 있는 가장 깨끗한 1급수에만 산다. 그러므로 가재가 살지 않는 냇물은 오염된 것으로 짐작할 수 있다.

당 1mg 이하라면 청정수이고, 2~8mg 이하이면 보통의 물, 20mg 이하이면 도시의 하수를 3단계 정화처리를 한 수준, 20mg 이하이면 전혀 정화하지 않은 도시 폐수로 볼 수 있다. BOD 측정에는 5일 이상의 시간이 걸리며, 정확하게 계산되는 수치가 아니지만, 수질의 정도를 나타내는 유용한 방법이다.

COD(Chemical Oxygen Demand) 검사는 '화학적 산소 요구량' 검사라 한다. 이것은 BOD와 달리, 물에서 미생물을 배양하지 않고, 수중에 포함된 유기물의 양을 화학적인 방법으로 측정하여 산소의 소비량을 측정하는 것이다. COD 역시 수치(1ℓ 당 밀리그램)가 크면 오염이 심한 것이다.

OD(Dissolved Oxygen) 검사는 '용존산소량'(溶存酸素量) 검사라 한다. 물에 산소가 많이 녹아 있으면 청정수이고, 산소가 적으면 많은 미생물이 사는 오염된 물로 생각한다. OD값은 1ℓ에 포함된 산소의 양을 밀리그램으로 나타낸다.

생물학적 검사 — 물속에 포함된 대장균 수를 검사하는 방법과, 그 물에 어떤 동식물이 살고 있는지를 조사하여 오염도를 추정하는 방법 등이 있다. 대장균은 인체의 장에 살기 때문에 대장균이 많이 포함된 물은 분뇨가 섞인 오염된 물로 인정된다. 버들치라든가 열목어와 같은 물고기 종류와 가재는 가장 깨끗한 물(1급수)에만 살고, 피라미와 쏘가리, 은어, 다슬기 등은 그 아래 급인 2급수에 산다. 3급수에는 1급과 2급수에 사는 물고기들은 생존하기 어렵고, 붕어, 잉어, 메기, 우렁이, 뱀장어

공장의 유독물질을 몰래 버리는 배수구. 가난한 나라에서는 이런 배수구를 아직도 많이 볼 수 있다.

등은 살 수 있다. 오염이 심한 4급수와 5급수에는 실지렁이가 산다.

하등 녹조류가 번식하여 물색이 초록일 때는, 엽록소의 양을 측정하여 오염의 등급을 측정하기도 한다, 때때로 우리나라 남해안의 물을 붉게 변화시키는 '적조'(赤潮)는 붉은색을 가진 플랑크톤이 번성한 때

문이다.

9-8. 왜 식수를 염려하게 되었나?

많은 사람들이 여러 개의 물병을 준비하여 약수터에서 줄을 지어 물을 받아가고 있다. 다수의 가정과 식당 등에서는 수돗물이 잘 나오지만, 정수기를 설치하여 그 물을 먹는다. 길거리의 식수 판매대에는 온갖 규격의 페트병에 담은 물이 가득 진열되어 있다. 이처럼 식수에 대해 염려하게 된 원인은 여러 가지이다. 물에 대한 위생관념은 문화와 경제가 발달할수록 많아진다. 그러므로 현대인으로서 물과 식수에 대해 상식을 풍부히 갖는 것은 기본적인 삶의 지혜이다.

1. 암이나 다른 병을 일으키는 해로운 화학물질이라든가, 방사선물질, 세균, 오물 등에 오염된 식수원(댐, 강, 호수)과 지하수가 많아졌다. 환경 당국에서는 발암물질을 100가지 정도 조사하고 있지만, 물에 포함될 수 있는 실제 발암물질은 1,000가지가 넘을 것이다.

2. 정부나 관계 기관에서 식수를 안전하게 관리하고 있지만, 아직도 과학적으로 알려지지 못한 발암물질 등이 물에 녹아 있을 수 있다.

3. 정수기나 생수 등의 식수 사업가들은 식수의 안전에 대해 많은 계몽과 선전을 한다.

4. 오염된 물과 관련된 뉴스가 끊이지 않으므로, 많은 사람들은 아예 물을 사서 먹기로 작정하고 있다.

9-9. 좋은 식수 선택할 때 주의 사항

우리나라의 경우, 도시나 공업단지, 또는 가축 사육단지 등으로부터 멀리 떨어진 산골에 사는 사람들은 지금도 냇물이나 지하수를 마시며 생활한다. 그러나 많은 도시 사람들은 밥을 짓거나 요리할 때는 수돗물을 사용하지만, 마실 물은 끓인 찻물이나 정수기의 물, 생수 또는 약수 등을 선택한다.

사람들은 수돗물이 건강에 문제가 없다는 것을 알면서도, 수돗물에서 풍기는 소독제 냄새가 싫다거나, 공해물질이 조금 남았을지 모른다는 의심 때문에 식수만은 따로 준비해서 마시기를 좋아하게 되었다. 수돗물이든, 페트병의 물이든 물을 마시려할 때는 다음 사항을 고려하면 건강에 도움이 될 것이다.

1. 수돗물을 그대로 마실 때는, 수도꼭지를 크게 틀어 10초정도 흘려보낸 뒤, 받아 마시도록 한다. 이렇게 하면 수도관 꼭지 근처에 있던 녹이나 다른 침전물이 씻겨나가므로 보다 깨끗한 물을 마실 수 있다.

2. 수돗물을 끓이면 냄새와 공해물질이 상당량 없어진다.

3. 정수기를 설치하고 있는 가정에서는 비용이 들지만 정수기 필터를 자주 갈아야 한다. 그렇지 않으면 정수기의 필터 앞부분에 세균이 증식하고, 흙먼지가 모여 오히려 오염된 물이되고 만다. 교환할 정수기의 필터는 평소 냉장고에 보관한다(필터에도 세균이 붙으므로).

4. 병에 받아둔 수돗물(또는 정수기의 물)일지라도 가능한 냉장고에 보관한다. 수돗물이든, 자동판매기의 물이든, 뚜껑을 일단 열었으면, 2일 정도 이후부터 미생물이 급격히 증식한다고 생각해야 한다.

5. 약수터나 우물(지하수)에서 길어오는 물은, 공공기관이 정기적으로 실시하는 '식수 안전검사' 결과를 확인해야 한다. 관계기관에 전화로 확인할 수도 있다.

6. 식수를 보관하는 유리병이나 페트병은 청결히 관리해야 한다. 만일 그렇지 못하면 병 안에 미생물이 가득 증식해 있을 것이다. 내부에 물기가 남아 있으면, 거기에도 세균이 증식한다.

7. 판매하는 생수 종류도 생산지에 따라 수질이 다르므로, 광고를 그대로 믿지 않도록 한다.

8. 약수터 등에서 병에 물을 받으면, 부유물질이 가라앉도록 20초 정도 기다린다. 또한 물을 마시기 전에 10초 정도 흔들어주면, 물에 녹아 있던 기체 상태의 유해물질이 일부 방출된다.

9. 병물을 사서 마실 때는 가능한 유명 회사 제품을 선택한다. 그런 회사에서는 정수 시설과 멸균, 포장, 검사 시설 등이 잘 갖추어져 있기 때문이다.

숲이 우거진 산속에서 나오는 약수는 거의 모두 좋은 자연수이다. 우리나라의 사찰들은 대부분 자연수(지하수)가 나오는 곳에 있다.

9-10. 정수기 필터의 역할

정수기는 물을 깨끗하게 하는 장치로서, 그 용도에 따라 식수 정수기, 수영장 물 정수기, 수족관 물 정수기, 농업용수나 공업용수 정수기 등이 있다. 여기서는 식수 정수기의 필터에 대해서만 소개한다. 식수 정수기를 생산하는 회사는 세계적으로 수없이 많다. 제조사마다 다른 구조로 정수기를 설계하고, 사용하는 필터도 다양하다.

식수 정수기는 물속에 포함된 불순물과 세균, 공해물질을 걸러내도록 만든다. 정수기의 필터는 극히 미세한 구멍이 있어 물은 빠져나가고 대부분의 침전물은 걸러내는 체 역할을 한다. 또한 필터는 전기적인 방법으로 공해물질을 붙잡아두기도 하고, 화학적인 방법으로 염소나 냄새 물질을 흡수하기도 한다.

필터에 포함된 탄소가루는 불순물과 함께 화학물질이라든가 병균까지 걸러내기도 한다. 특수한 나무의 숯이나 석탄으로 만드는 탄소가루는 '활성탄소'라고 부르며, 입자가 매우 작기도 하지만, 입자 표면에 현미경이 있어야 겨우 볼 수 있는 매우 작은 수많은 구멍이

가정이나 사무실 등에서 사용하는 정수기는 냉동시설과 가열시설을 동시에 설치하여, 냉수와 온수를 선택하여 즉시 사용할 수 있게 만들고 있다.

있다.

정수기는 필터의 기능이 생명이므로 끊임없이 새롭게 개발되고 있다. 정수기를 잘 사용하려면 제조사의 지시대로 필터를 잘 관리하면서 사용해야 한다. 필터는 적절한 시기에 새것으로 교환해야 한다. 필터를 갈지 않고 사용하면, 이물질을 걸러내는 기능이 약해지고, 필터 부분에는 많은 미생물이 모여, 오히려 수질을 악화시킨 물이 나오게 된다.

9-11. 냉수, 온수 어떤 물이 건강에 이로운가?

원래 순수한 물은 아무런 맛이 없다. 그러나 많은 지하수에는 무기염류가 녹아 있어 그 맛이 조금씩 차이가 난다. 미각이 발달한 사람은 물의 맛을 잘 구별하고 있다.

사람에 따라 냉수를 좋아하기도 하고 반대로 온수만 찾기도 한다. 냉수를 주로 마시려 하던 사람이라도, 감기가 들거나 하여 건강 상태가 나쁘면 냉수가 싫어져 온수를 마시게 되기도 한다. 일반적으로 온수보다는 냉수가 맛이 있게 느껴진다. 그러나 온수를 즐겨 마시던 사람도, 화가 몹시 나거나 머릿속이 혼란스러워지면 냉수를 찾기도 한다.

어떤 물이 맛이 있는지는 개인에 따라 다르다. 상식으로 알아둘 것은, 미지근한 물보다 냉수에 미생물이 적게 포함되어 있다는 점이다. 수온이 높으면 미생물이 훨씬 빨리 증식하기 때문이다.

9-12. 식수를 오염시키는 물질과 중금속

오염된 물은 식수로만 사용할 수 없는 것이 아니다. 지나친 오수는 농업용수나 공업용수로도 사용활 수 없다. 오늘날 인간이 사는 곳이라면 시골, 도시, 공업단지 어디나 공해물질이 강과 호수, 바다, 지하수 모두를 오염시키고 있다. 화학공장만 아니라 농업 자체도 수자원을 오염시키는데, 농토에서 사용하는 비료와 농약, 대규모 가축 사육장 등에서 나오는 폐기물이 오염원이 된다.

온갖 폐기물이 가득 버려진 강(외국의 사진). 썩은 강물에는 어떤 생물도 살기 어렵고, 식수는 물론 생활용수로도 쓸 수 없다.

농장에서 사용한 화학 비료가 빗물에 녹아 강이나 호수로 흘러들면, 그 물은 영양분이 너무 많은 '부영양화'(富營養化) 상태가 되므로, 거기에는 하등식물(특히 녹조류)이 빠르게 증식하여, 짙은 녹색의 물로 변하고 만다. 이런 물에 사는 녹조나 동식물이 죽어 썩게 되면, 물속의 산소는 줄어들고 이산화탄소가 증가하여, 물고기와 같은 다른 수생동물들이 살기 어려운 물이 된다.

화학처리를 하는 공장에서 흘러나온 폐수라든가, 도시 하수
구의 물, 쓰레기하치장, 그리고 광산에서 흘러나온 물도 같은
현상을 일으킨다. 화학물질로 오염된 강물이 바다로 흘러들면
바다생물에도 악영향을 준다. 화학물질 중에는 생물에 치명적
으로 유독한 것이 수천 종 있다. 그중에는 중금속이라 부르는
물질들도 여러 가지 있다. 어떤 화학물질은 여성호르몬 역할을
하여, 인간과 많은 동물의 생식기능에 이상을 일으키기도 한다.
이런 화학물질은 '환경 호르몬'이라 부르고 있다.

많은 공장에서 나오는 폐수는 수온이 높은 상태로 배출된다.
온도가 높은 물이 강과 호수로 들어가면, 냉수 속에서만 수만
년을 살아온 대부분의 동식물에 나쁜 영향을 준다.

물의 오염에는 우리의 가정도 큰 몫을 한다. 비누 성분이 가
득찬 빨래한 물, 목욕물, 부엌에서 사용한 물, 그리고 화장실에
서 배출한 물 모두가 공해물질이 포함된 폐수이다. 그래서 도
시와 공단과 축산시설 및 광산 등이 있는 곳에서는 폐수정화시
설을 하지 않으면 안 된다.

식수에 적당한 양의 무기물(미네랄)이 포함되어 있으면 오히
려 건강에 좋은 물이다. 그래서 판매하는 병물 중에는 '미네랄
워터'(mineral water)라 하여, 중요한 무기물을 적당량 첨가한 것
도 있다. 그러나 다음과 같은 무기물(중금속이라 부르기도 함)
이 다량 포함된 물은 건강에 해를 줄 수 있다. 이런 무기물이
미량 포함된 것은 큰 문제가 되지 않으나 그 양이 많을 때 위
험 요소가 된다.

* 알루미늄	* 비소	* 석면	* 바륨
* 카드뮴	* 크롬	* 구리	* 불소
* 납	* 수은	* 셀레늄	* 은

위의 무기물 가운데 불소는 살균력이 있어 어린이의 충치 예
방에 도움이 된다고 하여, 일부 나라와 미국의 일부 주에서는
상수도와 식수에 일부러 포함하기도 한다. 그러나 이에 대해
반대 의견을 내는 과학자도 있어 불소를 넣지 않는 나라도 있
다. 치약 중에는 불소를 첨가한 것도 판매되고 있다.

9-13. 물을 오염시키는 미생물

물은 인체에 중요한 요소이지만, 병균이 오염된 물을 잘못
섭취하면 건강에 아주 위험하다. 물을 통해 감염되는 소위 '수
인성' 전염병 환자는 세계적으로 매년 20억 명이나 발생하고
있으며, 그중 1~300만 명은 생명까지 잃고 있다. 설사와 말라
리아는 열대와 아열대지방의 가난한 국가들에서 특히 많이 발
생하며, 세계적으로 2세 미만의 유아가 매년 약 220만 명이나
사 망 하 고
있 다.   이
수치는   약
15초 마 다
어린이 하
나가 죽는
셈이다.
콜 레 라 ,
장(腸)티푸
스, 뇌막염,
세균성 이
질   등은
대 표 적 인

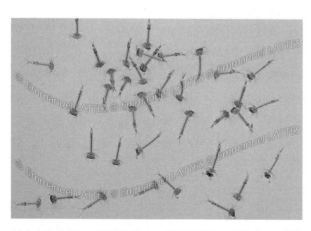

말라리아모기가   전염시키는   말라리아는   '플라스모디움'
(*plasmodium*)이라는 원생동물이 인간의 적혈구 속에서 증식하
여 생기는 전염병이다. 가장 많은 사망자를 내는 모기의 유충
(장구벌레)은 사진과 같이 물속에서 생장한다.

수인성 전염병이다. 열대와 아열대지방에서 많은 사망자를 내는 말라리아는 모기에 의해 전염된다. 모기는 물에 산란하고 그 유충은 깨끗하지 못한 물에서 생장하고 있다. 그래서 말라리아 환자의 90% 정도는 사하라 사막 인근 가난한 국가에서 발생하고 있다. 말라리아의 병원균은 박테리아나 바이러스가 아니고, 가장 하등한 단세포 기생동물이다.

식수를 오염시키는 해로운 미생물에는 박테리아, 바이러스, 기생충 3가지가 있다. 위험한 박테리아(병균)로는 장티푸스, 콜레라균이 대표적이고, 바이러스로는 간염바이러스, 독감바이러스 등이 있다. 오염되지 않은 강이나 호수의 물일지라도, 한 순가락의 물에는 약 10억 개 이상의 온갖 바이러스가 들어 있다. 대부분의 바이러스는 인체에 아무런 영향을 주지 않는다. 수돗물 소독에 쓰는 염소는 바이러스를 대부분 죽인다. 바이러스는 너무나 작아 정수기의 필터를 빠져나가는 것도 있다. 잘 관리하지 않은 물에는 식중독이나 장염을 일으키는 편모충이라든가 단세포의 하등 원생동물이 가득 살고 있을 수 있다.

9-14. 미네랄워터, 결정수, 이온수, 육각수

건강에 대한 의식이 높아지면서 다수의 사람들은 '건강식품'이라든가 '건강수'(健康水)를 지나칠 정도로 좋아하게 되었다. 최근에는 '건강에 더 좋다'고 선전하는 새로운 건강수가 자주 등장하고 있다.

미네랄워터는 물에 포함된 오염물질을 잘 제거한 후, 거기에 필요한 무기물을 적당량 첨가하여 만든 건강수의 일종이다. 수돗물에도 무기물이 포함되어 있으므로, 미네랄워터가 일반 물보다 건강에 어느 정도 더 도움이 되는지 정확히 말하기는 어렵다. 일부 사람들은 건강 음식이나 건강수를 .지나치게 신봉하므로, 이런 경우 '건강식품 중독자'라 표현하기도 한다.

일본의 '마사루 에모토' 박사는 순수한 물과 오염된 물이 얼어서 결정(結晶) 상태가 되는 순간에 그 모습을 사진으로 촬영하여, 결정 모습이 아름답게 보이는 물('결정수'라고 불렀음)이 건강에 좋다는 이론을 폈다. 그가 쓴 책은 한때 베스트셀러가 되기도 했다.

건강수 중에는 '이온수'(deionized water)라고 부르는 것도 있다. 일반적인 물은 그 속에 나트륨, 칼슘, 철, 구리, 브롬 등(양이온 무기물)의 무기물이 녹아 있어 약간 산성을 나타낸다. 물에 포함된 무기물을 화학적인 방법으로 제거하면, 그 물은 알칼리성을 약하게 띤 물이 된다. 건강에 대한 일부 연구자는 이러한 알칼리성 물이 건강에 더 이롭다고 생각하고 있다. 이온수를 제조할 때 무기물을 제거하는 방법으로 사용하는 특수한 합성수지(樹脂 resin)를 '이온교환수지'라 한다.

'이온수' 중에는 물에 전기적인 작용을 하거나 알칼리성 물질을 혼합하는 방법으로 만든 것도 있다. 이러한 이온수가 건강에 도움이 되는지 여부는 의학적으로 확실히 말하기 어렵다. 이온수 외에 '육각수'라는 이름으로 선전하는 건강음료도 있다.

9-15. 반투성막 정수기란?

생 배추를 소금물에 절이면, 배추 속의 물이 소금물 속으로 빠져나가 시들시들해진다. 이런 현상은, 배추의 세포 속은 물의 농도가 높고, 소금물은 배추의 세포 속보다 물 농도가 낮기 때문에 일어난다. 이럴 때 물 농도가 높은 세포 속의 물이 세포막을 투과하여 소금물 속으로 들어간다. 이런 현상을 '삼투현상'이라 하고, 삼투(스며들어감)하는 힘의 정도를 '삼투압'이라 한다. 삼투현상은 배추 속의 물의 농도와 소금물의 물 농도가 같아질 때까지 계속된다.

생물의 세포막은 물만 통과시킬 뿐, 소금 성분은 투과시키지 못한다. 그래서 생물체의 세포막은 '일부만 투과시키는 성질을 가진 막'이라 하여 반투성막(半透性膜)이라 부른다. 식물의 뿌리 세포 속으로는 땅속의 물이 삼투되어 들어간다.

진한 설탕이나 소금물에 절인 음식이 썩지 않는 것은, 세균의 세포가 탈수되어 그 용액 속에서 살지 못하기 때문이다. 식물의 경우, 세포 속의 물이 빠져나가면 그 세포에서는 세포벽과 세포막이 분리되는 '원형질 분리'라는 현상이 일어난다.

합성수지를 이용하여 반투성막을 만들어 정수기라든가, 해수 담수화 시설에 이용하고 있다. 소금물을 반투성막으로 막아두면 물이 빠져 나오지 않는다. 그러나 소금물이 담긴 구역에 높은 압력을 주면, 소금물 속의 물이 반투성막을 투과하여 나오게 된다. 이것은 삼투

미국에서 생산되는 '역삼투압 정수기'의 한 모델이다. 역삼투압 정수기는 등산가나 전쟁터에서 사용하도록 휴대용으로 만든 것도 있다. 정수기 중에는 내부에 자외선 등을 설치하여 물에 섞인 미생물을 살균하도록 만든 것도 한다.

현상이 반대편으로 일어나는 현상이기 때문에 '역삼투 현상'이라 한다.

바닷물을 담수화하는 공장에서는 반투성막을 이용하여 바닷물 쪽에 높은 압력을 주는 방법으로 해수 중의 순수한 물만 투과되어 나오도록 하고 있다. 그래서 담수화공장에서는 압력을 주는 데 많은 전력이 소비된다. 정수기 중에는 역삼투 현상을 이용한 것이 있다. 이 정수기에 흙탕물을 들여보내면, 삼투막을 통해 순수한 물만 빠져 나온다.

물이 더 귀해지면, 역삼투압 정수기를 가정에서도 사용하여, 쓰고 버린 물을 다시 정수기 속으로 보내, 몇 번이고 재사용하도록 할 것이다. 이런 실험은 물이 부족한 싱가포르와 같은 도시에서 이미 진행되고 있다.

시장에서는 수없이 많은 종류의 음료수를 팔고 있다. 소금과 당분을 넣어 약간 달고 간간하게 만든 물을 스포츠 음료라 부른다.

9-16. 스포츠 음료란 어떤 물인가?

스포츠 음료는 1950년대에 운동선수들을 위해 개발된 음료수이다. 국내에도 몇 가지 스포츠 음료 제품이 판매되고 있다. 스포츠 음료를 마셔보면, 약간 달콤하면서 짠맛이 난다. 평소에는 이 물을 마셔도 특별히 맛이 있다고 느껴지지 않지만,

운동을 하여 땀을 많이 흘린 뒤에는 일반 식수보다 더 맛이 있다. 운동하는 동안 땀을 흘리면 몸의 염분과 당분이 상당량 빠져 나가기 때문에, 소금과 당분이 섞인 이 물을 마시면 맛도 있고 피로도 좀 더 빨리 회복시켜주는 것으로 알려져 있다.

스포츠 음료에는 인체의 염분 농도와 비슷하게 약 0.9%의 소금기가 들어 있다. 옛날의 우리 조상들은 더운 여름에 땀을 많이 흘리고 나면, 시원한 우물물에 간장을 조금 타서 마셨다. 이것은 상표를 붙이지 않은 훌륭한 스포츠 음료였다.

9-17. 해양심층수

해저 깊은 곳에 있는 해수를 '해양심층수'라고 말하는데, 수

하와이 해안에 실험용으로 설치한 해수 온도차 발전소이다. 해수 온도차 발전에 대한 연구는 미국, 일본, 인도 등에서 적극적으로 하고 있다.

심 깊은 곳의 물은 수온이 섭씨 3도 정도이고, 염도는 3.5% 정도이다. 세계 바닷물의 90%는 모두 심층수라고 할 수 있다. 원래 이 해양심층수는 수온이 낮으므로 그 물로 냉방을 하거나 담수를 얻는데 사용하려는 연구가 이루어지고 있다.

예를 들어 유리잔에 냉수를 담아두면, 유리잔 표면에 수증기가 응결하여 많은 물방울이 생긴다. 이와 마찬가지로 찬 해저 심층수를 지상으로 끌어올려 금속 파이프 속으로 흘려보내면, 금속 관 주변에 물방울이 맺히게 된다. 최근 이 방법으로 식수를 생산할 수 있는 편리한 방법이 연구되고 있다.

해양심층수를 이용하여 전력을 생산하기도 한다. 바다 표면의 수온과 심해수의 수온은 큰 차이가 나므로, 이러한 온도 차이를 이용하여 전력을 생산하는 방법이 1930년대부터 연구되고 있다. 열대지역의 해양 표면 수온은 매우 따뜻하고, 깊은 곳은 차서 온도 차이가 크게 나타난다. 기체를 냉수 속에 가져가면 부피가 축소하고, 축소된 기체를 더운 수온 속으로 보내면 팽창한다. 이때 팽창하는 기체에서 발생하는 에너지를 이용하여 전력을 생산하는 것을 '해수 온도차 발전'이라 한다. 해수 온도차 발전은 풍력, 태양 에너지, 조력 에너지, 연료전지 등과 함께 자연의 에너지를 이용하는 '무공해 청정에너지 생산' 방법의 하나이다.

해양심층수를 이용하는 문제가 알려지자, 건강식품 회사에서는 이 물이 인체 건강에 좋을 것이라는 여러 가지 이유를 찾아내어 판매하고 있다. 해양심층수가 건강에 어떤 이익을 주는지에 대해서는 더 연구되어야 할 것이다.

9-18. 바닷물을 담수화한 식수

장기간 항해를 하는 선박이나 잠수함에서는 오래 전부터 복잡한 방법으로 해수를 담수화해왔다. 해수를 담수화하려면 언제나 막대한 에너지가 필요하다. 간단한 담수화 방법은 해수를 증발시켜 그 수증기를 응축하는 것이다.

다른 한 가지 방법은 해수를 동결시켜 얼음을 만드는 것이다. 해수가 얼면 그 얼음 속에는 소금 분자가 끼어들지 못한다. 그러므로 얼음만 건져내어 녹이면 담수를 얻는다. 또 다른 방법으로 20세기 말경에는 반투막을 이용하거나 역삼투압방식으로 물이나 염분 중 어느 한쪽만 걸러내는 방법으로 담수화를 한다.

그 동안 물이 부족한 사막 나라는 경제도 사회도 발전하기 어려웠다. 중동의 사막 국가 가운데 석유가 대량 생산되는 부유한 산유국에서는 석유에서 나오는 자금으로 바다의 물을 담수로 만들어 사용하고 있다. 이런 나라에서는 원유 값보다 물값이 더 비싼 형편이다. 해수에서 소금기를 제거하고 담수를 만드는 시설을 '해수담수화 공장'이라 하며, 줄여 '담수 공장'이라 한다.

2009년 초 현재, 세계에는 1만 3,000개 이상의 크고 작은 담수 공장이 있다. 우리나라의 외딴 섬에도 여러 곳에 소규모 담수시설을 갖추어 식수 부족을 대비하고 있다. 전 세계에서 생산 되는 총 담수의 75% 정도는 중동 산유국에서 나오고 있다. 담수공장 건설에는 막대한 예산이 들고, 공장을 가동하려면 또한 많은 에너지(전력)가 소모된다.

세계 최대의 담수공장은 아랍에미리트의 '제벨 알리' 담수공장이다. 이 공장에서는 1년에 약 3억 톤의 담수를 생산하고 있다. 중동의 담수공장에서 나오는 물은 내륙의 다른 지방으로도 수도관을 따라 송수(送水)하고 있다.

바닷물을 담수화하는 방법은 대개 2가지이다. 첫 번째는 전부터 해오던 증발 방법이다. 물을 끓일 때 내부의 압력을 낮게 해주면, 물이 훨씬 빨리 증발하므로, 그 수증기를 뽑아내어 냉각시키면 담수가 된다. 두 번째 방법은 1980년대부터 주로 사용하는 방법으로 '역삼투압 방법'이라 부른다. 이 방법은 반투막을 이용하여 물과 염분을 분리하는데, 이 과정에 많은 전력이 소모된다. 그래서 역삼투압 방법을 이용하여 경제적으로 담수를 생산하려면, 원자력 에너지를 이용하여 생산한 값싼 전력을 사용할 수 있어야 한다.

우리나라 두산중공업은 화력발전소와 담수공장을 동시에 건설할 수 있는 기술을 가지고, 중동 국가에 대규모 담수공장을 건설하고 있다. 두산중공업이 건설한 담수공장은 세계 담수 생산량의 40%를 차지하고 있다. 사진은 국내에서 조립하여 현지 공장으로 운반하는 담수공장 시설이다(사진 서울신문).

9-19. 증류수는 식수인가?

물을 끓이면 수증기가 된다. 이 수증기를 냉각시키면 다시 물이 되는데, 이런 과정을 증류(蒸溜)라고 하고, 증류하여 얻은 물을 '증류수'라 한다. 깨끗한 환경에서 잘 만든 증류수는 순수한 물이다. 실험실에서 실험용으로 물을 사용할 때는, 1차로 증류한 증류수를 재차, 삼차 증류하여, 보다 순수한 증류수를 만들어 사용한다.

빗물은 일종의 증류수이다. 그러나 빗물 속에는 먼지라든가 세균 등이 섞여 있으므로 순수한 증류수는 아니다. 실험실에서 특별한 연구 목적으로, 또는 의료용으로 사용하는 증류수는 세균이나 바이러스가 하나도 들어 있지 않은 것이다.

나뭇가지에 매달린 아침 이슬은 일종의 증류수이다. 그러나 이슬 속에는 공기 중의 먼지와 세균, 이산화탄소 등이 섞여 있어. 염분은 거의 없지만 순수한 물은 아니다. 만일 어떤 이유로 증류수만 장기간 마셔야 한다면, 야채나 과일을 자주 먹어 무기물이 부족하지 않도록 할 필요가 있다.

증류수를 만드는 방법은 몇 가지가 있으며, 일반적으로 실험실에서 간단히 증류수를 만들 때는 유리로 만든 증류기를 사용한다. 증류수는 먹어도 아무 이상이 없다. 그러나 만일 장기간 증류수만 식수로 한다면, 몸에 필요한 무기물이 부족해질 염려가 있다. 일부 사람들은 증류수는 물맛이 너무 밋밋하다고 하여 좋아하지 않는다.

9-20. 도시의 하수를 처리하는 과정

자연의 하천과 호수, 습지, 바다는 오물과 쓰레기로 더럽혀져서는 안 된다. 하수처리장을 시설하지 못한 가난한 국가에서는, 가정의 화장실과 부엌과 목욕탕을 비롯하여 병원, 산업시설, 농장의 하수구로 나온 물과, 도시 거리에서 빗물에 씻겨 내려간 물(오수 또는 폐수)을 그대로 강이나 바다로 흘려보내고 있다. 거기에는 온갖 음식물 찌꺼기(유기물)와 나무 조각, 비닐, 플라스틱, 중금속을 비롯한 유독한 화학물질, 모래와 흙, 기름덩이, 빈병, 캔 등의 쓰레기가 가득 들어 있으므로, 위생적으로 위험하고 환경 오염이 심각하다.

산업화된 나라에서는 이러한 오수(폐수)를 바다나 강으로 쏟아버리기 전에, 반드시 '하수처리장'에 모아(集水), 그 물을 정화 처리한 후에 버리거나 재사용하도록 하고 있다. 대부분의 나라에서는 정화된 물에 물고기가 살 수 있을 정도로 처리하고 있다. 하수처리장에서 오수를 정화하는 과정은 제1, 제2, 제3단계로 크게 나눌 수 있다.

제1단계 처리 과정은 '물리적 처리 과정'이라 할 수 있다. 이 과정에서는, 하수처리장으로 들어온 회색 또는 검은색 물에서 둥둥 뜨는 쓰레기는 그물로 걷어내고, 모래와 흙 등 가라앉는 것을 침전시키는 작업을 한다. 이 과정은 모두 기계적으로 이루어진다.

제2단계는 '생화학적 처리 과정'이라 할 수 있다. 제1단계 과정을 거쳐 나온 물을 '통기(通氣) 탱크' 또는 '폭기조(曝氣曹)'라 부르는 대형 탱크에 며칠 동안 담아둔다. 통기 또는 폭기 (aeration)라는 말은, 이 탱크에 담긴 물에 끊임없이 공기를 공급하기 때문이다. 탱크의 물에 펌프로 공기를 충분히 공급하면, 물속의 미생물이 증식하여, 녹아 있거나 떠 있는 유기물을 먹어치워 깨끗한 물로 만들어준다. 이 폭기조에서 1~10일 정도 지낸 물은 유기물이 거의 없어지고 상당히 맑아져 있다.

제3단계는 '화학적 처리 과정'이라 할 수 있다. 이 과정에서는, 폭기조를 거쳐 나온 물에 살균제인 염소를 처리하고, 다시 냄새를 제거하도록 활성탄(숯가루) 속으로 통과시킨다. 이 제3과정을 거친 하수는 물고기가 살 수 있을 정도로 정화되어 있

하수처리장 건물 앞에 정화된 물을 저장한 호수가 보인다. 수자원이 부족해지면, 더욱 발전된 정화기술로 폐수를 재처리하여 사용해야 할 것이다.

다. 제3 과정을 거친 물은 수질을 검사한 다음에 자연 속으로 흘려보내거나, 농업용수 등으로 재사용한다.

이러한 하수처리 과정을 거치는 동안 걷어낸 쓰레기와 침전된 진흙 쓰레기('오니' 汚泥 sludge라 부름)는 따로 모아 재처리 과정을 거친다. 마지막으로 남는 것은 건조시켜 매립한다. 오니를 재처리하는 과정에 메탄가스를 발생시켜 연료로 사용하기도 한다.

9-21. 연수(軟水)와 경수(硬水)의 차이

토양에 칼슘과 마그네슘, 철, 망간 등의 무기물이 많이 포함된 지층의 지하수에는 이들 무기물이 다량 녹아 있다. 특히 칼슘과 마그네슘이 많이 녹아 있으면, 비누가 잘 풀리지 않아 끈끈하고 때가 잘 씻어지지 않으므로, '억센 물'이라는 뜻으로 '경수'(hard water)라 부른다. 반면에 칼슘과 마그네슘이 적게 포함된 물은 '연수'(soft water)라 하며, 이런 물로 목욕을 하면 비누가 잘 풀려 미끈미끈하다.

경수를 가정이나 공장 또는 공중목욕탕의 보일러 물로 사용하면, 보일러의 파이프 안에 칼슘과 마그네슘이 이산화탄소와 결합하여 탄산칼슘과 탄산마그네슘이 되어, 파이프 벽에 붙어서 관을 막는 현상이 나타난다. 그러므로 보일러에 사용하는 물은 화학적인 방법으로 무기물을 제거하여 연수로 만들어 사용한다.

경수의 칼슘과 마그네슘을 제거하도록 만든 장치를 '연수화기'(water softener)라고 한다. 이 연수화기 속에는 제올라이트(zeolite)라는 소금처럼 생긴 물질이 들어 있다. 경수가 제올라이트 속을 지나면, 녹아 있던 마그네슘과 칼슘이 제올라이트와 화합해버리므로, 연수로 변한다. 제올라이트는 화산지대에서 발견되는 광물의 하나이며, 구멍이 많아 연수화(軟水化) 반응이 빨리 일어날 수 있다. 만일 식수로 사용하는 물이라면, 칼슘과 마그네슘이 적당히 포함된 경수가 더 좋을 수 있다고 할 수 있다.

9-22. 분자가 같은 과산화수소와 물

조선조 세종 임금 때의 과학자 장영실은 1441년에 세계 최초로 청동으로 정밀한 측우기(測雨器)를 만들어, 비가 내린 양을 정밀히 측정하도록 했다. 과학의 역사에서 측우기를 최초로 만들어 기상관측을 정확히 함으로써 농사와 홍수에 대비하도록 한 것은 매우 자랑스러운 일이었다. 유럽에서는 이탈리아의 베네데토 카스텔리기 장영실보다 198년이나 뒤인 1639년에 우량계를 처음 만들었다.

가정에서 사용하는 표백제는 락스, 옥시크린, 팍스, 브라이트 등의 상품명을 가지고 있다. 이런 표백제(탈색제)의 성분은 수돗물 살균에 사용하는 하이포염소산(NaClO)을 물에 녹인 수용액이다. 하이포염소산이 색을 가진 물질과 산화반응을 하면 탈색(脫色) 현상이 나타난다. 그렇다고 모든 염료의 색이 하이포염소산과 반응하여 탈색되는 것은 아니다.

표백제와 비슷한 성질을 가진 것에 과산화수소(H_2O_2)가 있다. 과산화수소는 물과 성분이 같지만 산소 원자를 하나 더 가지고 있다. 과산화수소는 하나 더 가진 산소 원자를 방출하여 산화반응을 일으키는 성질이 있어, 이 물질이 묻은 종이는 잠간 사이에 누렇게 변할 정도이다. 또한 이 산소는 세균의 몸에 화학변화를 일으켜 죽게 만들기도 한다.

　과산화수소 원액은 함부로 다루면 아주 위험하다. 약국에서 소독약으로 파는 과산화수소는 1~3% 정도로 물에 희석한 용액이다. 이 정도이면 인체에 안전하게 살균작용을 하고, 탈색작용도 할 수 있다.

찾아보기